现代航空装备维修差错

——人为差错研究

张会峰　杨　哲　包佳仪　编著

北京航空航天大学出版社

内容简介

预防航空装备维修差错是航空装备维修保障工作永恒的主题。随着航空装备安全管理水平的不断提升，该领域将会出现更多创新性的理论、方法和技术。本书是面向现代航空装备安全管理与运用的专业书籍，重点介绍现代航空装备维修人-机-环境和安全管理专业基础知识，内容包括现代航空装备维修差错概论、现代航空装备维修人-机-环境、现代航空装备维修人为因素、现代航空装备维修环境因素、现代航空装备维修安全文化、现代航空装备维修差错预防策略六部分。

本书适合于航空装备、飞行器系统与工程、环境工程专业高年级本科生和研究生学习使用，也可供相关航空装备维修人员参考使用。

图书在版编目(CIP)数据

现代航空装备维修差错 ：人为差错研究 / 张会峰，杨哲，包佳仪编著. -- 北京 ：北京航空航天大学出版社，2021.12

ISBN 978-7-5124-3644-2

Ⅰ. ①现… Ⅱ. ①张… ②杨… ③包… Ⅲ. ①航空装备一装备维修 Ⅳ. ①V241.07

中国版本图书馆 CIP 数据核字(2021)第 231539 号

现代航空装备维修差错——人为差错研究

张会峰　杨　哲　包佳仪　编著

策划编辑　陈守平　　责任编辑　陈守平

*

北京航空航天大学出版社出版发行

北京市海淀区学院路 37 号(邮编 100191)　http://www.buaapress.com.cn

发行部电话：(010)82317024　传真：(010)82328026

读者信箱：goodtextbook@126.com　邮购电话：(010)82316936

北京富资园科技发展有限公司印装　各地书店经销

*

开本：787×1 092　1/16　印张：8.5　字数：223 千字

2022 年 4 月第 1 版　2024 年 7 月第 3 次印刷

ISBN 978-7-5124-3644-2　定价：48.00 元

若本书有倒页、脱页、缺页等印装质量问题，请与本社发行部联系调换。联系电话：(010)82317024

前　言

随着航空装备的发展，航空装备维修将进入“以人为中心的自动化”时代，完善的技术和装备对处于中心地位的人提出了更高的要求。因此，人的因素将是长期影响航空装备安全的关键因素。本书从人、机、环境的角度，对航空装备维修差错——人为差错的产生机理和影响因素以及预防对策进行了认真探索和系统研究，提出了逐步建立和完善航空装备维修安全文化的系统观点。同时，梳理和综合了历年来预防航空装备维修差错的经验和做法，总结了预防和减少航空装备维修差错的策略。

本书在探索新时代航空装备维修质量安全工作特点和规律的基础上，运用系统科学的理论和系统工程的方法，系统地介绍了人、机、环境三大要素的关系，内容包括现代航空装备维修差错概论、现代航空装备维修人-机-环境、现代航空装备维修人为因素、现代航空装备维修环境因素、现代航空装备维修安全文化、现代航空装备维修差错预防策略六部分。第 1 章现代航空装备维修差错概论，介绍了现代航空装备维修差错内涵与类型、分类与模式、影响因素和研究动态；第 2 章现代航空装备维修人-机-环境，梳理归纳了人-机-环境系统的要素和分类，并进行了经济性、可靠性和安全性分析；第 3 章现代航空装备维修人为因素，介绍了人为因素的内涵、人的基本特征；第 4 章现代航空装备维修环境因素，介绍了航空装备维修环境因素范畴；第 5 章现代航空装备维修安全文化，提出了逐步建立和完善航空装备维修安全文化的系统观点；第 6 章现代航空装备维修差错预防策略，梳理和综合了历年来预防航空装备维修差错的经验和做法，总结了预防和减少航空装备维修差错的策略。

著名的墨菲定律告诉我们：任何事物如果可能发生差错，这种差错就总会发生。本书笔者所在的教学科研团队在航空装备维修保障领域历年教学与科研实践工作的基础上，结合国内外相关文献，参考装备维修一线具体经验和做法，并汲取了从事航空装备维修保障工作的专家和教授的意见而编撰本书。

参与本书编写工作的人员有：张会峰、杨哲、包佳仪、周俊杰、纪义国、于伟莉、鲍学良、蓝志环、刘金刚、陈晓旭、夏祥斌。课题组于伟莉、夏祥斌等在材料收集、学术讨论、图表绘制和公式编写上做了大量工作。同时，本书也得到了北京航空航天大学出版社编辑们的指导和帮助。另外，本书在编写过程中参考了《安全工程管理丛书》《人机工程学》《人机工程学及其应用》等书中部分内容，在此一并对这些作者表示衷心的感谢。

受限于笔者之能力，书中难免有不妥之处，恳请读者批评指正，使之完善提高。

笔　者

2021 年 10 月 26 日于长春

目　　录

第1章　现代航空装备维修差错概论

航空装备维修差错是诱发或直接导致飞行事故最重要的原因之一，给飞行安全造成了巨大的危害。为了更好地做好航空装备维修保障工作，非常有必要认真分析研究航空装备维修差错的特征、影响因素及其模式。同时，人为差错作为航空装备维修差错的核心部分，分析其类型和产生的原因，提出控制和预防措施，具有重大的现实意义。

1.1　航空装备维修差错的内涵与类型

1.1.1　航空装备维修差错的内涵

航空装备维修差错是指航空装备维修人员因受到各种外在和内在因素的影响而导致的错误行为，使航空装备维修作业活动发生偏差和错误，不能达到预期目的，并伴随有航空装备状态异常、设备损坏或人员伤亡等不良后果。

《韦氏大词典》对“error”（错误）有5种不同的解释，但其中有两个基本点：一是偏离某种规范或标准；二是操作者的无意行为。这两点集中体现了目前许多研究者对人为差错的界定。事实上，在某些情况下，操作者也可能会有意违反某种规范或标准，称为违章（violation）。显然，人为差错与违章都会危害到安全，属于不安全行为（unsafe act）。

航空装备维修差错的发生是有规律可循的。著名的墨菲定律告诉我们：任何事物如果可能发生差错，这种差错就总会发生。安全管理的长期工作实践证明了其正确性。墨菲定律给我们的启示是：要想消除差错事件的发生，必须消除差错发生的可能性。

1.1.2　航空装备维修差错的基本特征

航空装备维修差错一般具有以下四个特征：

① 必然性。根据墨菲定律，做某项维修工作，不管发生差错的概率有多小，如果存在发生差错的可能性，随着该工作重复次数的增多，那么差错迟早会发生。

② 突变性。一般故障的形成往往经历从量变到质变的过程，维修差错导致的故障或引发的事故往往与人的一次或数次错误行为相关联，量变过程极短，具有突变性。

③ 可积性。维修作业中，前一个差错可以诱发后一个差错，后一个差错可以发展前一个差错，即差错可以积累，而且具有跃变和非线性的特征。

④ 可逆性。前一个差错可以被后面的行为自觉或不自觉地纠正，二者可以相互抵消。

维修差错的发生具有必然性，并不是说维修差错是无法预防、无法控制的，这是因为人对于预防维修差错具有能动作用。

一般地讲，维修差错发生并危及飞行安全必须具备三个条件：一是航空装备在结构上存在出现差错的可能；二是作业人员出了差错；三是管理上存在漏洞，如维修一线管理混乱、工作计划粗糙、组织指挥不严密等。

在这三个条件中，人起主导作用。例如，如果一个机件可以反过来装，或者可以在偏离其规定部位安装，那么一定会有人将它装反，或安装在非规定位置上。如果两种或几种飞机部件外形相同，而性能不同的话，那么一定会有人将它混装混用而导致事故。如果一对或一束导电线路的导线接头可以交叉装配的话，那么一定会有人将它交叉装配而导致电气机件失控或出现反操纵。因为，装备在结构上存在出现差错是否可能是客观存在的，作业和管理都是靠人去实施的，所以维修差错是否发生最终取决于人是否出差错。航空装备维修差错的产生以至最终形成危及空、地安全的后果，是由上述三个事件交错构成的事件链。这些事件一环扣一环，哪一环出现漏洞，都可能导致不利后果。再如，机械员未盖好油箱盖，差错已经形成，如果机械师没有检查，质量检验员又没有发现，那么差错积累的结果就会导致油箱盖飞掉、空中冒油，甚至导致事故。

1.1.3 航空装备维修差错的基本类型

航空装备维修差错产生的机理是多层次的、错综复杂的，但从系统工程的角度看，归根结底是人与硬件、人与软件、人与环境之间相互作用的结果。在这些因素中，软件和环境是次要因素，硬件的机械失效等是造成飞行事故和事故征候的重要原因，由这些因素引起的维修差错模式分为人为差错、硬件差错、软件差错和环境差错。

1. 人为差错

人为差错是指人未能实现规定的任务，从而可能导致中断计划运行或引起财产和设备损坏的行为。在航空装备维修过程中，出现的人为差错通常有以下五种类型：

① 程序差错。维修人员错误地执行了维护程序，导致没有实现某一必要的功能任务，或实现了某一不应该实现的任务。

② 交流差错。信息交流不当或不完全，信息被阻塞或误解。

③ 熟练程度方面的差错。维修人员由于缺乏知识、技巧、经验和能力，造成没有觉察到某一危险情况，或对工作任务执行不当。

④ 对程序或规章以外情况的决策差错。维修人员对某一任务做出了不适当的决策，或对某一意外事故的反应迟钝或笨拙，采取了增加风险的不必要行动。

⑤ 故意违规。维修人员明知故犯违反上级或单位的政策和规定。

引起人为差错的原因错综复杂，归纳起来主要包括人的行为因素和生理因素两个方面。

行为因素是指维修人员的某些行为缺陷或心理影响，主要包括三个方面：一是业务技能。维修人员的工作技能是后天习得的行为模式。部分维修人员对所维修机型的基本构造、原理不清楚；基本操作技能弱，不懂检查方法；发现和排除故障能力低，排故不彻底等，从而导致人为差错的发生。二是记忆错误。记忆错误主要表现为“错、忘、漏”，它反映出维修人员记忆系统中的职业安全防护体系还不完善，还未牢固建立维修工作所需要的思维模式、反应模式、动作模式等一系列的记忆体系。记忆错误是发生人为差错的主要原因。三是个性心理影响。人们存在的某种有害的个性心理倾向，比如习惯心理、麻痹心理、侥幸心理、紧张心理、自负心理、求快心理、厌倦心理、逆反心理等，容易造成人为差错。

生理因素是指维修人员的身体不能适应任务的要求，主要体现在疲劳和疾病两个方面。

每个人都具有节律调节功能系统，在生理节律的低落期工作容易产生疲劳现象；维修人员超负荷工作时，人体处于过度的活动水平，也会引起疲劳。当维修人员处于疲劳状态或带病维护飞机时，容易出现人为差错。

2. 硬件差错

硬件差错是指由于航空维修对象本身存在的问题而引起的差错。比如，在硬件系统中，显示、控制系统的功能、结构、形状和配置等不符合人机工程学的要求，或不完全符合人的生理、心理特性，或无安全装置等引起的差错。

硬件的差错主要源于设计，特别是可靠性和维修性的设计。因此，为了防止硬件差错的出现，设计师从方案论证、打样设计、详细设计的每个环节都应高度重视硬件的维修性设计。其中可达性、互换性、保养性、安全性、防差错设计等均需要按规范进行贯彻，使硬件维护省时、省力，并尽可能地缩短拆装时间。在飞机设计阶段，可以着重从以下几个方面入手：

① 结构设计应满足硬件寿命要求。

② 硬件要方便使用、检测和维护。

③ 考虑硬件结构破坏和断裂造成使用维护费用昂贵，重要结构要按损伤容限和耐久性设计，以减少维修内容和降低维修技能要求，并符合维修工程要求。

④ 硬件的关键受力和重要承载结构要易于检查。若确实检查有困难，可按安全寿命设计。

⑤ 注重硬件的可达性设计。同类装置、同一系统相对集中布置，尽量使其专业化、模块化。

⑥ 尽量保证进行飞机日常维护工作的航空维修人员所需空间的安全性和舒适性。

⑦ 飞机维修所需要更换的机件应能互换，并易于使用者更换。

⑧ 飞机零部件要进行防差错设计，以唯一性来保证装配的正确性，确保使用维护的安全性。

3. 软件差错

软件是指人与系统中的非物理方面的界面，包括规章、制度程序、手册、检查单和符号等。软件差错是指由于软件问题引起的错误。因此，处理好软件问题，可以明显提高工作效率，保证工作质量，从而减少或避免出现差错。

在航空装备维修工作中，软件差错的预防主要有以下几个方面：

① 制定合理的规章制度，易于维修人员的执行。

② 维修程序内容详细、步骤明确，使维修人员容易理解、记忆和操作。

③ 维修检查的项目要明确，避免维修人员漏检。

④ 航空维修要有严格的计划、组织、实施和检验环节，防止维修人员工作上的随意性。

4. 环境差错

环境主要指照明、噪声、振动和温度等条件。环境差错是环境原因造成的各种错误和损失。环境对个体的影响大致分为健康、工作质量和工作时的舒适感三个方面。因此，良好的工作环境可以使人们愉快地工作，有助于提高工作质量，避免环境差错带来巨大的损失。防止航空装备维修人员出现环境差错的有效途径有两个：一是为维修人员提供相对好的工作环境；二是维修人员要正确认识社会环境，并提高自身对社会环境的适应能力。

1.2 航空装备维修人为差错的分类与模式

人是航空装备维修过程中最活跃、最突出的因素，也是造成飞行事故的主因。按系统安全的观点，人也是构成系统的一种元素。当人作为一种系统元素发挥作用时，会发生差错。人为差错作为航空装备维修差错的核心部分，根据人的行为理论和航空装备的结构特性探讨航空装备维修过程中人为差错发生的规律，揭示人在特定环境中产生差错的机理，强化维修人员预防人为差错的意识，努力减少人为差错，是航空装备维修人员的重大课题。

1.2.1 人为差错的概念

与人的不安全行为类似，人为差错这一名词的含义比较含蓄而模糊。人们对它做了种种定义，其中比较著名的论述有以下两种：

(1) 皮特(Peter)的论述

皮特定义人为差错为“人的行为明显偏离了预定的、要求的，或希望的标准，它导致不希望的时间拖延、困难、问题、麻烦、误动作、意外事件或事故发生”。

(2) 里格比(Rigby)的论述

里格比认为，所谓人为差错是指人行为的结果超出了可接受的界限。换言之，人为差错是指在生产操作过程中，实际实现的功能与被要求的功能之间的偏差，其结果可能以某种形式给系统带来不良影响。这个定义包含未执行分配给他的职能、错误地执行了分配给他的职能、执行了未赋予的分外职能、按错误的程序或错误的时间执行了职能和执行职能不全面五种情况。

综合以上两种论述，可见人为差错是指人的行为结果偏离了规定的目标，并产生了不良影响。

关于人为差错的性质，许多专家进行了研究，其中，约翰逊关于人为差错做了如下论述：

① 人为差错是生产过程中不可避免的副产品，可以测定失误率；

② 工作条件可以诱发差错，通过改善工作条件来防止人为差错相比对人员进行说服教育，训练更有成效；

③ 许多关于人为差错的定义是不明确的，是有争议的；

④ 某一级别人员的人为差错，反映了较高级别人员职责方面的缺陷；

⑤ 人们的行为反映了其上级的态度，如果凭直觉来解决管理问题，或靠侥幸来维持无事故记录，不会取得长期的成功；

⑥ 按惯例编制操作程序的方法有可能促使差错发生。

1.2.2 人为差错的类型

人为差错可以从不同角度进行多种分类。

1. 根据维修差错的主导原因

根据维修差错的主导原因，人为差错可分为维护作风型、技术技能型和组织管理型。

(1) 维护作风型

这类差错是维修人员责任心不强、维护作风差、工作马虎、盲目蛮干、违反规章制度和操作规程而发生的维修差错。其主要特征如下：

① 发生差错者知道工作原理、构造、操作方法和后果，能够正确操作。

② 从主、客体相互关系看，操作者处于主导地位，即只要操作者认真对待工作，时刻把安全放在第一位，严格按规定的内容和程序进行维修，差错是完全可以避免的。如忘记打开口销、忘加油、忘盖油箱口盖和发动机吸入外来物等。

(2) 技术技能型

这类差错是指维修人员因缺乏必要的专业知识和操作技能，缺少应有的专业训练，违反了操作程序、技术要求和安全规定造成的维修差错。其主要特点如下：

① 维修差错发生人员缺乏应有的专业知识，操作能力差，维修技能不符合维修操作要求，基本功差。例如，不懂机件的原理、构造和相互间的连接关系；不懂技术要求和检查方法；没有维修本专业的设备和部附件的能力；在操作中搞不清怎样做是对的，怎样做是错的。

② 维修人员不能评估自己的行为后果，即从主、客体相互关系上看，维修人员处于被动地位。这些人实施操作，随时都有发生差错的可能。例如，试车中出现高温不会处置，烧坏发动机；不了解测试仪器性能，损坏机件；不懂原理和构造，造成短接；不懂检查方法，造成误判、误按和误开等。

(3) 组织管理型

这类差错是指组织管理不好，分工不清，工作协调不好，工作程序紊乱，不能正确和有效地协调维修过程中的人、机、环境各环节相互关系而导致的维修差错。其主要特征如下：

① 差错涉及两个或两个以上的环节，其中至少有两个环节违反了客观规律。

② 从预防角度来看，管理者和维修人员往往都不能独立控制整体行为的后果，差错能否避免取决于系统的结构形式，具有随机性。例如，试车组织混乱，人员被吸入发动机致死；技术力量配备不当，检查不周，损坏发动机；质量控制程序混乱，造成有寿机件失控、误控，油封超期等。

2. 根据维修差错的性质

根据维修差错的性质，人为差错可以划分为过失性差错、违章性差错、技术性差错、继发性差错、精神障碍性差错、季节性差错、责任性差错和管理性差错等。

过失性差错通常指维修人员粗心大意，或对可能发生的情况缺乏思想准备，遇事顾此失彼，不知所措出现的差错。有的属于粗心大意，精力不集中；有的属于责任心不强；有的属于对外界干扰的抵抗能力差。

违章性差错是指因维修人员章法观念淡薄，有章不循、盲目蛮干、违章操作所导致的差错。

技术性差错是指因维修人员业务素质差，维修经验不足，设备原理、构造知识缺乏，操作技能不熟练所导致的差错。

继发性差错是指因装备、硬件本身设计不合理、防差错性差，加上环境条件的干扰或人的失误(继发性因素)所导致的差错，这类差错也叫谐振性差错。

管理性差错是指因管理不善，计划不周，分工不明确，指挥不得当，现场秩序混乱而导致的差错。

在实际的维护过程中，一个人心理负担很重，精力就不易集中，记忆力、操作熟练程度就会降低，容易出现过失性差错。有的维修人员，明知这样干违背规章，却凭着“老经验”，认为“没关系”，抱着“试试看”的态度，或出于某种动机违章蛮干，凭侥幸工作；还有的维修人员平时不认真学习条例、规程、通报，维修时心中无数，发生了差错，本人还没有意识到这是违章操作；也有一些人总结了一些所谓的“经验”，虽然与章法不太吻合，暂时也没有发生什么问题，但将这些所谓的“经验”传下去，必将出现差错。例如更换高压液压导管要在地面进行耐压试验，个别人怕麻烦，不试验，结果导致空中大量漏油的事故；飞机发动机试车检查，要在试车场实施，但有的人员不遵守规定，随便找个地方试车，造成地面物伤人的严重事故等，这些都属于违章性差错。

3. 根据人的信息处理模式

差错源来自信息处理过程的三个阶段，可以分为感觉认识过程中的错误、判断/决策过程中的错误和行为过程中的错误。

例如，感觉认识过程中的差错有可能是由于工作场所设计缺陷、光线不足、噪声、操作程序卡印刷质量差等造成的。判断/决策过程中的差错可能是由于疲劳、缺乏培训或时间压力造成的。行为过程中的差错可能是工具或设备设计不充分、缺乏足够的程序、工作中断、车间温度过冷或过热等造成的。

4. 根据人为差错产生的不同原因

根据人为差错产生的不同原因，人为差错可以分为随机差错、系统差错和偶发差错。

① 随机差错。由于个人的行为、动作的随机性引起的人为错误。

② 系统差错。由于系统涉及某方面的问题或人的不正常状态引起的人为错误。系统中的人为错误可能是设计不完善、人员培训不足、设计的程序或检查单/手册的概念有误引起的。

③ 偶发差错。由于人的偶然行为引起的人为错误，它往往是难以预料的。

人为因素事故调查清楚表明，解决/克服系统错误比随机错误更能够有效地减少人为差错的发生。

5. 根据维修差错造成的后果

根据维修差错造成的后果，人为差错可分为致命性差错、重大维修差错和一般性维修差错。

① 致命性差错。即可能导致严重飞行事故的差错。其特点是差错所造成的后果极其严重。如外来物卡住操纵系统，飞机失去操纵导致严重事故。

② 重大维修差错。即可能导致二等飞行事故和地面事故，进而造成重大经济损失甚至引起人员伤亡的差错。如机械师在组织飞机更换前轮后充气时，操作方法错误，轮毂蹦出，将机械师打死。

③ 一般性维修差错。即可能造成一般性损失的差错。

6. 根据维修差错发生的时机

从实际情况看，以下几个时机比较容易发生差错：

① 维修准备。这个时机的特点是：时间短促，任务紧迫；检查、通电、加油和充氧等各项工

作交叉进行；人员、车辆活动频繁，维修人员在场时间长，工作强度大。因此，这个时机比较容易发生差错。

② 检查功能和测试参数时。例如发动机试车，飞机液压系统收放、系统增压，特设专业的通电检查。这时设备要运转，人员精神较为紧张，如果组织不严密，协作不密切，精力不集中，就容易发生差错。

③ 拆装机件和排除故障时。这是外场工作比较活跃的时候，维修工作量大，而现有装备的维修性和可达性较差，开敞率低，维修姿势别扭，蹲、卧、趴、躺都有，随着维修时间的增长，发生丢、错、漏、损问题较多。

④ 使用仪器设备和工具时。在质量检查、测试机件时，使用方式不正规，也易发生维修差错。

维修差错产生的原因，从系统的观点来看，是人-机-环境这个大系统中诸多因素综合作用的结果，维修差错很少是由单一的因素导致的。其发生的机理是多层次的、错综复杂的，涉及的面很广。

7. 根据维修技术人员是否采取行动

根据维修技术人员是否采取行动，人为差错主要可以分为两种类型：

第一种类型，差错引起的航空装备偏差是维修任务开始之前并不存在的。在航空装备上执行任何维修任务都为人为差错提供了机会，从而可能导致航空装备维修出现意外的偏差。

第二种类型，在执行分配的定期或非定期维修任务检测航空装备技术状况恶化情况时，未检测出有害的或不安全的现象。

维修差错中的人为差错具有隐蔽性特征，维修差错通常在发生时不容易被发现，可能在发生数日、数月或数年以后才被发现。维修检测中出现的人为差错，通常是通过系统工作不正常发现的，我们一般只知道是航空装备维修出现了偏差，例如组件安装不正确、装错部件、电线布线不符合规定(包括交叉连接)、润滑不够、整流罩和检查口盖未固定和将物件(工具等)遗失在飞机中等，很少知道差错发生的原因。

1.2.3　人为差错的致因

菲雷尔(Russell Ferell) 认为，作为事故原因的人为差错的发生是由于超过人的承受能力的过负荷、与外界刺激要求不一致的反应和由于不知道正确的方法或故意采取不恰当的行动三个原因造成的。

皮特森(Petersen)在菲雷尔理论的基础上提出，事故原因包括人为差错与管理缺陷两方面。而过负荷、人机学方面的问题与决策错误是造成人为差错的原因，如图 1.1 所示。

图 1.1 中的过负荷是指某种心理状态下的感受能力与负荷不适应。负荷包括操作任务方面的负荷、环境负荷、心理负荷(担心、忧虑等)及立场方面的负荷(态度是否暧昧、人际关系如何等)。人的承受能力取决于身体状况、精神状态、熟练程度、疲劳及服药情况等。

不一致反应是指对外界刺激的反应与自己要求的反应不一致，或操作与要求不一致(尺寸或力等)。

采取不恰当的行为可能是由于不知道什么是正确的行为(教育训练上的问题)，或由于决策差错造成。决策差错是由于低估了事故发生的可能性，或低估了事故可能带来的后果，它取决于个人的性格和态度，其中还包括来自同事的压力或生产方面的压力，认为不安全的作业较安全作业更合理而选择了不安全行动等问题，由于性格或精神上的原因造成下意识差错倾向的问题，即事故频发倾向的问题等。

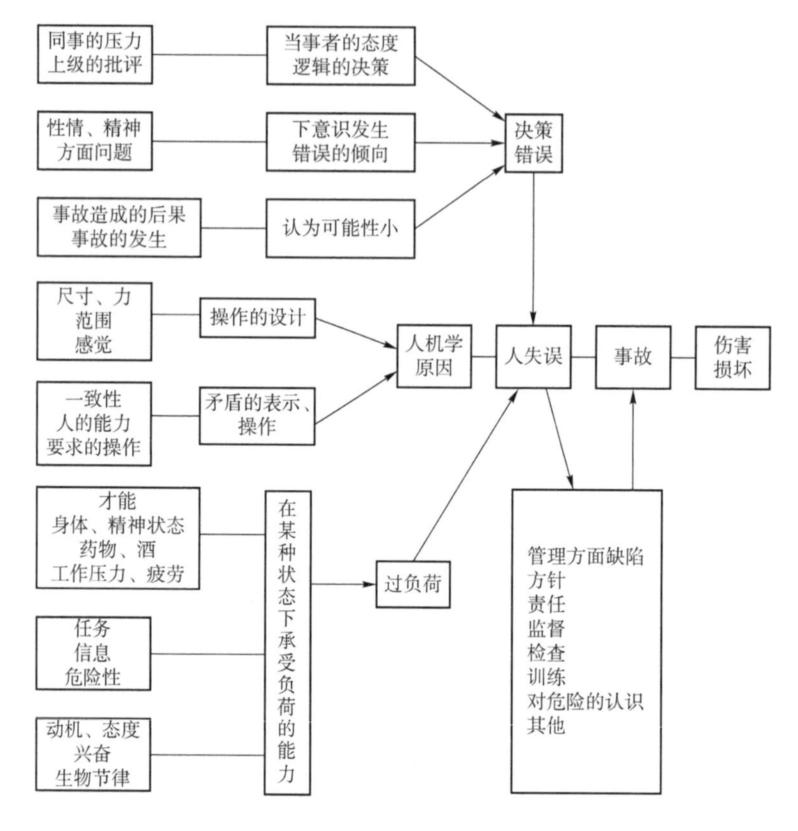

图 1.1　皮特森图

1.2.4　航空装备维修人为差错的模式

为了深入研究人为因素与航空安全的关系，找出航空装备维修人为差错产生的原因和解决办法，多年来，航空界从不同角度加以探讨，下面简单介绍几种在航空界广为使用的模式。

1. 霍金斯 SHEL 模式

1972 年，爱德华兹(Edwards)教授提出了 SHEL 模型，如图 1.2 所示。1975 年，霍金斯(Haukins)对 SHEL 模型做了修改，图形中并未包括人的因素以外的界面，该图形仅用来作为理解人为因素的一个辅助手段。模型以人为本，通过积木形式表述了人与人、人与机器(硬件)、人与软件(程序、符号等)、人与环境的相互作用，以及相匹配的系统关系。差错容易在以人为中心的硬件、软件、环境及人之间的接点上产生。在此模式中，方块界面的匹配与不匹配，如同方块图形本身的特征一样重要。有一处不匹配就意味着有一个人为差错源。

人是这个模式的中心，被认为是系统中最重要的组成部分，同时其适应能力也是重中之重。人的表现有很大差异，且承受着许多限制。这个方块边缘是锯齿状的，如要避免系统的内应力甚至分裂，系统的其他部分必须小心与之匹配。因此，必须了解此中心的特点，诸如人体尺寸和外形、人体需求、输入特点、信息处理、输出特点和环境忍耐性等。

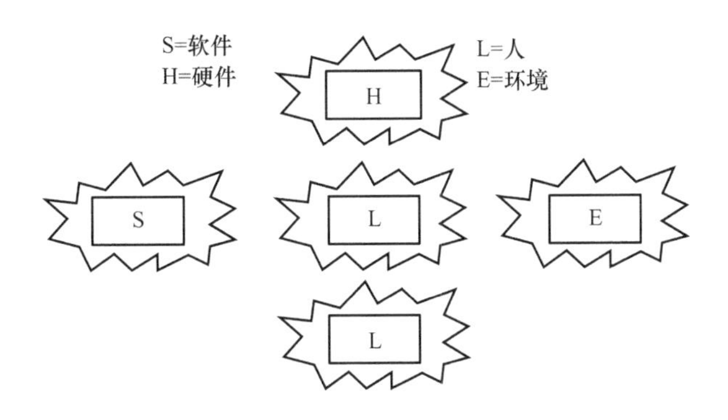

图 1.2　SHEL 的概念图

(1) 人-生命件

人是系统中最关键、最灵活的元素。但人的表现受多方面的影响，并且本身又存在许多局限。为与系统相匹配，理解该中心元素——人的特征是非常重要的。这些重要特征包括：

① 人体尺寸和形状及其随年龄的变化。

② 人体需求。人对食物、水和氧的需求。

③ 输入特征。人通过感官系统收集信息，并做出相应反应，从而完成他人所要求的任务，但此功能会下降。

④ 信息处理。此能力具有很大的局限性，它涉及短期和长期记忆、动机和精神压力。

⑤ 输出特征。一旦信息被感知和处理，便会向肌肉输送信息，启动预期的反应。

⑥ 环境耐受力。温度、压力、湿度、噪声、时间、灯光和黑暗等的影响都能在人的状态中表现出来。过分拥挤的空间和繁杂、压抑的工作环境会影响人的表现。

人-生命件是人为因素 SHEL 模型的轴心。其余元素必须适应该核心元素并与之相匹配。

(2) 人与硬件

过去多谈及的是人-机界面，从来没有意识到人与硬件的缺陷最终会导致灾难发生，这是因为人可以适应人与硬件间的不匹配，从而将缺陷隐藏起来而不是消除它。

(3) 人与软件

人与软件包括人与系统的非物理方面，如程序、手册和检查单、符号、计算机应用程序等。它们是事故中的显著问题，但它们很难被发现，因此也很难解决。

(4) 人与环境

人与环境是在飞行中最早被认识并重视的问题，各种自然的、非自然的环境因素将通过人-环境界面与人相互作用。最初的解决方法旨在使人适应环境，后来趋向相反的过程，如今又遇到新问题，如高空臭氧与辐射问题，跨时区飞行造成的生物节律紊乱等。人与环境界面必须考虑环境条件引起的感知差错，例如进近和着陆阶段的错觉。

(5) 人与人

人与人界面重点指在集体工作中应予以重视的领导、班组合作、集体工作和个人之间的相互作用。

(6) 整体关系

在 SHEL 的概念图中，接点不齐意味着其关系经常变化，在种种变化的情况中，L(人)处于中心地位，根据L(人)与其他SHEL的关系变化，其结果也会出现种种变化。由SHEL模式可见，导致事故最主要的原因是组织的安全文化差，其次是组织的实施监督有效性不够。

2. 事故链

事故极少是由一个原因引起的，而是由像链子一样的许多因素连接在一起时发生的，如图1.3所示。要防止事故的发生，只要将链条上的某一环节截断就可以。

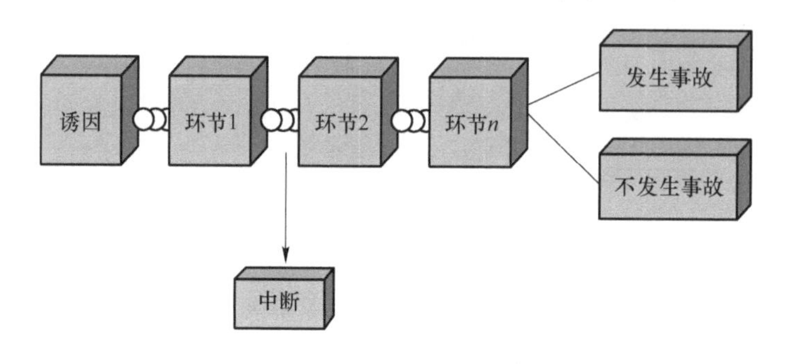

图1.3 事故链

从将概念转换为方法的观点来看，分析事故链对于预防维修差错相当重要。即对作为对象的事故进行分析，具体地写出存在怎样的事故链；要防止事故再次发生，应防止哪个环节和该环节的形成；要付出什么代价和多少时间才合适。

另外，根据人为因素学的基本原理来“防止差错”就是指设置差错阻力，使差错难以发生。同样的道理，“宽容差错”就是对待差错要有宽容性的措施，以达到即使出现了错误也不至于形成事故的目的，如余度设计。

从每个装置的设计来看，已经采取了许多具体措施来提高其“防止差错”和“宽容差错”的能力，如各种警告信息和冗余度设计等。

差错可以分为显性差错和隐性差错两类。显性差错是指从结果立刻就可得出发生了差错的结论。第一线操作人员的差错属于这一类。隐性差错是指因结果不会立刻显示出不良影响，因而不知道已出现了差错的情况。如与系统的设计和管理工作有关的差错就属于这一类。

设计者和组织管理者的判断错误很少能在当场显现出来，它在整个系统中作为隐性差错长期存在着，某一时刻，当其突然与其他因素相结合，才能明显地表现出来，引起重大事故。换言之，所谓隐性差错就是组织和管理的差错，只要是人在进行管理，这种差错就在所难免。

事故是显性差错或隐性差错的作用，最后因局部事件使预防体系打开缺口而发生。从隐性差错和显性差错的关系中可引申出防止差错的方法论，即差错存在4个反馈环节：第1个环节是过去一直在使用的装备发生了重大事故和事故征候时，采取防止事故再次发生的对策的环节；第2个环节是从连事故征候都算不上的不安全行为中思考防止的办法的环节；第3个环节是从不安全行为的征兆中探讨防止事故发生办法的环节；第4个环节是从不恰当的中间管理中探讨防止事故发生办法的环节，而且还可以通过审议标准方针的制定等，如审议有关安全规章的制定和组织方式，做到防患于未然。

3. 海因里希法则

如图1.4所示，海因里希法则指出：“在一起重大事故下面隐含着29起事故征候，在29起事故征候下面隐含着300起事故苗头”。抓好事故苗头的资源共享，吸取各方面教训，是预防事故的有效手段。

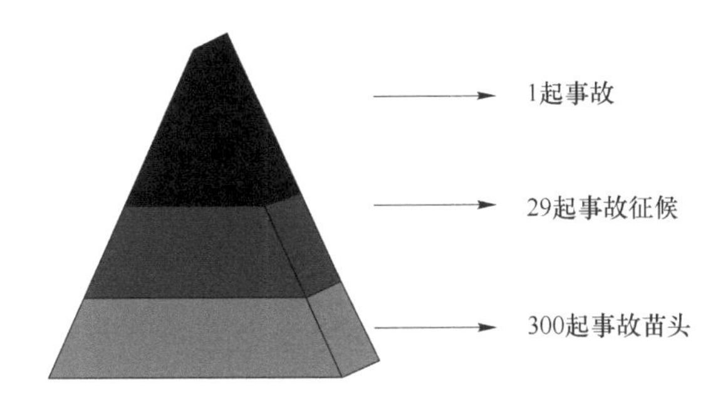

图 1.4　海因里希法则

4. 圆盘漏洞理论

如图 1.5 所示，人、机、料、法、环像 5 个穿在一根轴上按各自规律运转的圆盘，它们存在着不同的漏洞，不安全因素就像一个不间断的光源，光线透过这些圆洞的组合时，事故就会发生。

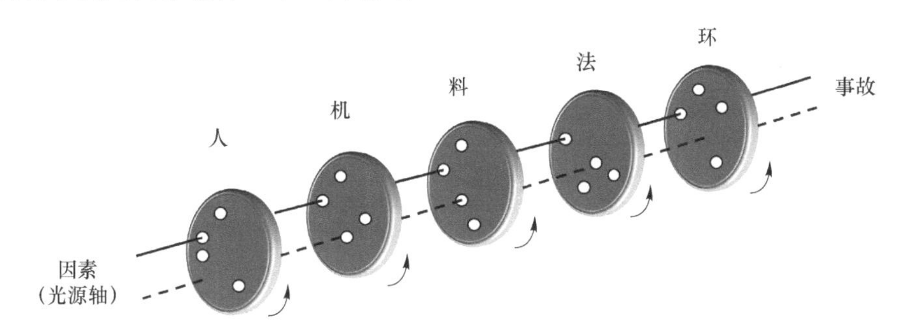

图 1.5　圆盘漏洞理论图

5. Reason 模式

1990 年，Reason 教授提出了 Reason 模式(见图 1.6)，即将航空工业看作是一个综合的生产系统，这个系统的第 1 个组成部分是决策者，他负责确定目标并管理可用资源，以达到平衡安全与有效运营两个不同的目标。第 2 个重要组成部分是管理，它执行上级管理层的决策。为了使上级管理层的决策和作业一线管理的措施行之有效，并变成工作者的生产活动，必须有一个前提，如设备可用并且可靠，工作者技术熟练、有知识和积极性。

最后 1 个组成部分是防护和安全措施。通常是为了预防可预测的伤害、损坏或运营中断。

失效的形式有现行的和潜在的两种。现行失效是指具有直接负面影响的差错和违章行为而导致的结果，通常由一线工作人员所为。潜在失效是指因远在事故之前所采取的措施或所做的决定而导致的结果，通常产生于决策者、管理当局或维护一线管理层。

事故是这两类失效的结合，最后因局部事件使预防体系打开缺口而发生。

1.3　航空装备维修差错影响的因素

航空装备维修差错影响的因素主要有人的因素、机的因素和环境因素。

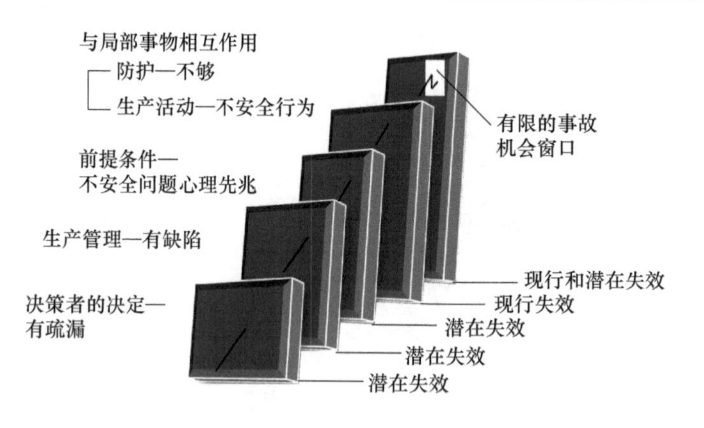

图 1.6 Reason 模式

1.3.1 人的因素

人的因素是指航空维修人员本身存在的问题，可分为技术素质、维修作风、心理素质三个方面。

1. 技术素质

因为缺少应有的专业训练，部分航空维修人员维修知识贫乏，维修技能低，基本功不过硬。据航空界近 20 年统计，航空装备维修工作导致的维修差错中，因技术素质差所导致的问题占总数的 24.5%。

2. 维修作风

在航空维修工作中因违反操作规程和有关规定而导致的差错，虽然原因不一，但归根结底还是因为安全观念淡薄，维修作风不扎实的缘故。差错发生者懂得原理构造、维修方法，只要认真操作，加强安全意识，遵守安全规则，严格按规定内容检查，就可以避免维修差错。比如有的人维修飞机几十年，从未发生维修差错的问题。因维修作风差、工作马虎所导致的维修差错在所有维修差错中高居首位，约占 70%。

3. 心理素质

人的心理活动复杂多变，心理品质和心理状态直接影响人的感知和判断。在各类维修差错中，几乎都可以找到心理因素的踪影。

动机是人的心理活动的一种表现形式，它决定人们的事业心、责任感。动机的根源是需求，如果人们某种需要得不到满足，就会产生消极心理，工作热情降低，兴趣转移，往往出现差错。情绪是人的心理活动的一大特征，人的情绪表现为积极性和消极性两方面。积极的情绪可使人心情愉快、工作积极；消极的情绪易使人无精打采、精力分散，从而导致差错。

维修人员心理素质的好坏直接影响维修活动的全过程。心理素质好的维修人员，工作计划性强、差错少、工作效率高。遇到紧急情况时，能审时度势，迅速做出正确判断，采取得力措施，把即将发生的问题消灭在萌芽状态，或者使问题造成的后果尽量减轻。然而，心理素质差的人，在日常维修活动中可能还显现不出来，一旦遇到紧急情况就会心情紧张、手忙脚乱、不知所措，甚至因判断错误，造成更大的损失。

1.3.2 机的因素

机的因素是指维修对象本身存在的问题，主要分为维修性因素、安全性因素和维修手段因素。

1. 维修性因素

维修性是指有关装备的可达性、适应性、易修性、互换性和防差错性等。维修性是决定维修效能的物质基础，直接影响维修的差错率。由于老旧装备防差错设计较少，本身存在着出现差错的可能性，根据墨菲定律，故可能出现装反、接错等问题。例如，飞机缺少机载监控和自控装置，很难及早发现故障缺陷；部分飞机的开敞率低，给维修工作造成很多困难，再加上维修性差、可达性差等，航空维修人员常以躺、卧、爬、蹲等姿态操作，人员易疲劳；设备的交叉率高，如某型飞机主液压油箱红油出口处密封胶垫老化渗油，需要打开机身排除，牵涉其他三个专业拆装部附件，工作量大、环节多，极易发生差错。

2. 安全性因素

安全性越好，人、机差错因素相互作用机会少，维修差错次数少，危害就越小。随着安全性的提高，装备的组成将越来越复杂。再高明的飞机设计师，也不可能在设计时就把一切危险都排除掉。当然，也不是说装备的安全性是捉摸不定的。目前，国内外在系统安全性分析方面已有了较成熟的经验和方法，使用较普遍的有危险性、危害性分析和事故树分析法等。

3. 维修手段因素

因维修手段存在问题而导致的维修差错也是不容忽视的。如常用工具、设备不精确，用于检测、监控、调整的工具、量具不正常或有故障，就不能正确反映维修对象的真实信息，调整中体现不了人的真实意图，因此可能导致差错。

1.3.3 环境因素

环境对航空装备维修安全的影响是不容忽视的。环境因素分为工作环境和社会环境。在预防维修差错时，人们往往忽视环境因素的影响，而事实上，环境因素在直接或间接地影响维修工作。

1. 工作环境

① 气候、温度。人的最佳工作环境温度为18～23 ℃，在此温度范围内，工作效率高，差错发生率低。温度过高或过低都会对人的工作产生不良影响。高温会使人疲劳、瞌睡、困乏，工作能力下降，工作质量降低，差错增多。低温易使人反应迟钝，动作不灵活，注意力涣散，也容易产生差错。航空装备维修工作多数在露天进行，工作环境受地理和气候条件的制约。从统计情况看，冬、夏季发生的维修差错明显多于春、秋季。

② 噪声。强烈的噪声对人的大脑皮层有很大的刺激和破坏作用。噪声超过115分贝，人就容易出现视觉模糊、听力迟钝的现象，并且在短时间内记忆力明显下降。在噪声干扰下，维

修人员有时听不清别人的要求和提问，有时摸不准操作位置，极易出现丢、错、漏、损等差错。噪声对维修人员的工作效率也有影响，航空发动机产生的噪声最高可达120分贝以上，长时间在这种环境下工作，必然会降低维修操作的准确性而发生差错。对于噪声的影响要有足够的认识，在强噪声环境下操作，要搞好组织管理，做好心理准备。

③ 照明颜色。一般来说，照明和对比度好，人的工作能力和工作效率就高。良好的照明有助于减少差错，但照明提高到一定限度后就易引起目眩，产生不利影响。如阳光的照射和雪天、飞机蒙皮上的反光也会严重影响人的视觉，在这种条件下进行维修工作，容易看错、装错。

2. 社会环境

当航空维修人员的某些需要得不到满足时，他们也会产生消极心理，分散精力，工作热情下降。如请领航材、申请车辆时，由于种种原因不能如愿，从而盛怒和产生怨气，这种情绪控制不好，往往迁怒于工作而降低标准，草率行事，进而导致维修差错。

1.4 航空装备维修人为因素的研究动态

人是航空系统中最灵活、最具适应性和最有价值的部分，但其表现也最易受到不利因素的影响。多年来的事故调查结果表明，3/4的事故是由于人的表现不佳(人为差错)造成的。人为因素在绝大多数航空事故中被人们言轻的严酷现实，唤醒了航空界人士对人为因素的重视。

1.4.1 航空装备维修人为因素的研究现状

早期关注的航空人为因素多是噪声、振动、热、冷和加速度等，因此，人为因素被误认为是医学的分支。随着研究与应用的深入，如今人们对航空人为因素的认知层面不断扩展，例如，决策和其他认知过程，显示器和控制器的设计以及驾驶舱和客舱的布局设计，通信和计算机软件，地图和航图，航空装备使用手册、检查单等文件等，都属于人为因素的范畴。人为因素相关知识也更为广泛地应用于人员选拔、训练和检查，以及事故预防的调查中。

从只关心飞行人员，发展到对航空装备维修人员的关心；从只关心一线维修人员，发展到从系统工程学出发，关心个人与集体、组织间的相互影响，注意到各种要素的综合影响。人们在分析一些事故的原因时，不再局限于维修一线人员的行为，而是承认维修人员不是在孤立的环境中工作的，从而开始注意事故潜伏期所涉及的组织缺陷和管理因素。从只找出发生事故的可能原因，也就是确认人们的不安全行为和飞机的不安全状态存在的显性过失，逐步发展到研究分析当飞机存在不安全状态时，人是如何反应的，特别是不适当反应所带来的危害，以及人们为什么会产生不适当的反应，人们犯了什么类型的错误，如何去纠正这些错误等隐性的深层次问题。

上述这些显著的变化，应归功于人们对人为因素认识水平的提高和人为因素知识的广泛应用。鉴于人为因素问题对航空安全的重要性，国际民航组织以大会的形式号召成员国重视人为因素的研究，随后又颁布一系列有关人为因素的指导材料，并连续召开人为因素国际研讨会，推动世界航空人为因素的专题研究。

美国联邦航空管理局(FAA)曾在其“更安全的天空”中提出目标，2007年美国航空重大事故率比1994—1996年的重大事故率下降80%。为了达到这个目标，FAA加大了人为因素的研究力度，编写了《航空维修人为因素指南》，该指南包括人为因素、人为因素方案、工作场所安全、工作排班、设备的设计、工作设计、培训、测试与放行、自动化、沟通、人为差错、信息交流、维修资源管理等章节。研究主要分成人为差错、组织机构、技能、特殊人员的技能四大部分。

欧洲 JAA 于 1998 年成立了人为因素工作组，在新修订的 JAR-66 和 JAR-145 中增加了对人为因素的要求，并把人为因素纳入 AR-66 执照考试所要求的科目中。JAR-66 中人为因素的主要内容包括考虑人为因素的必要性、人的表现、心理、人为差错和外界因素等。

随着全球航空界广泛深入地开展人为因素的研究，中国民航精心组织各方面的力量，积极开展对人为因素的研究。1998 年 12 月首次召开了"航空维修人为因素研讨会"，2000 年 4 月民航总局成立了以局长为组长的人为因素研究领导小组，组成了三个专业课题组分别在飞行、维修和空管领域展开人为因素的研究。在新颁布实施的《民航航空器维修许可审定的规定》(CCAR-145R4)中增加了有关人为因素的内容，该内容主要包括对维修人员进行人为因素的培训要求及在维修工作准则中强调人为因素的重要性。

长期以来，航空界高度重视质量安全工作，深入开展针对性研究。高度重视航空装备维修中人的因素，确立了极端负责、精心维修的航空维修职业道德规范，激发了广大维修人员立足岗位建功立业的积极性。目前，航空界又加大了力度，适时开展专题教育活动。

1.4.2 航空装备维修人为因素的研究方向

关于人自身的行为对于安全的决定性作用，我国早就有"吉凶由人"的明确结论。唐代杜荀还写过一首诗："泾溪石险人兢慎，经岁不闻倾覆人。却是平流无石处，时时闻说有沉沦。"精辟地道出了安全与否的关键所在，那就是人的"兢慎"，以人为本是我们东方文化的传统。

世界航空界真正重视人为因素是在 20 世纪 70 年代以后，这种转变源于对事故原因的分类统计。20 世纪 70 年代世界商业喷气机队的事故资料表明，飞行机组原因所占比例高达 70%，飞行机组属人为因素；在其他各类原因中也包含相当比例的人为差错，如维护中的错、忘、漏，空管服务中的听错、说错等。算起来，人为因素原因要占到事故原因的 80%～90%，这与"航空事故主要是由于设备技术缺陷而引起的"的传统理解大相径庭，于是引起了震动，促成了航空安全工作重点向人为因素的转移，随后世界航空业掀起了重视人为因素的热潮。

进入新世纪，随着自动化、信息化技术的发展和人在系统中核心地位的确立，人为因素对航空安全的作用只会更加突出。技术进步必将使装备的可靠性进一步提高，但占 80%～90% 的人为因素若得不到改善，总的事故率将不会明显降低。因此，要实现降低航空事故率这个世纪目标，必须大幅度改善人为因素。

为改善人为因素，航空界已经做出了很大的努力，对人为因素进行了许多研究。过去的研究大多受限于生理学、心理学、人机工程等传统学科的界限，虽有一些像 CRM 管理那样的积极成果，但总体看来仍未能取得显著降低航空事故率的实质性突破。

早在 20 世纪 80 年代，提出"以人为中心的自动化"的同时，美国就有专家预言，21 世纪认知工程和人素科学等新兴学科将对航空的安全与发展发挥极其重要的作用。

今天，人素科学发展成为包含生理学、心理学、人机工程学，以及信息论、控制论、系统论，甚至还包括人际关系学和社会学的综合学科。21 世纪初，它有以下几个重点研究方向：

1. 犯错误机理

既然航空事故有些是人为差错引起的，那么人为什么会犯错误，在什么条件下会犯错误或者易犯错误，就自然成为热门课题。但到目前为止，这类研究尚未见系统化成果，而且新技术常会带来新的犯错误的可能，因此，这个问题会是持续的研究热点。

2. 知识结构与学习方法

当今是信息时代、知识经济时代，不但知识的量呈现“爆炸”之势，而且知识更新越来越快。作为系统管理者、决策者和航空装备维修具体操作者的广大维修人员，必须具备从浩如烟海的信息中迅速提取和吸收所需知识的能力，才能适应航空技术的飞速发展。信息技术提供了诸如网络、多媒体和虚拟现实等多种学习手段，如何利用各种新旧手段高效地学习知识，是每个人都要认真思考的问题。

研究表明，专业能力不但取决于知识的量，而且取决于知识在头脑知识库中的结构。学习的新知识只有归于这个知识库，与库中原有知识联系起来才会变成长期记忆储存起来。因此，一个人头脑中的知识结构决定人的专业能力，也决定人学习专业知识的能力。各类航空装备维修人员在头脑中建立什么样的知识库，如何建立，这些问题正是人素科学需要研究和解答的。

3. 发挥人的能动性

航空界曾一度流行一种看法，认为航空装备的各类规章制度已经足够完善，大家都老老实实按规章办事就得了，用不着强调人的能动性。1998 年在开罗举行的航空安全研讨会上，法国的人为因素专家举了一个简明的例子，列出了关于剪刀使用的安全规则：不能把手指放在剪口，不能把剪刀放在桌边，不能让小孩玩剪刀。实际上这会是个无限的清单，任何安全规章只能覆盖最重要的一些情况且往往是曾经发生过事故的情况，特别是对于新技术，尚无形成规章需要的资料积累，只能临时性地定出几条规章试行。因此，再努力，规章也不可能是绝对完善的，实践中仍然会发生各种意想不到的情况，需要人审时度势，适当处置。过去人们讲得多的是人犯错误导致事故，实际上正是由于人的能动处置，制止了情况恶化，挽救了更多的航空装备。能动性是人与机器相比特有的优势，如何更好地发挥这种优势，对于未来的航空安全意义重大。

当然，发挥能动性绝不是指对现有规章、标准和程序，人们可以标新立异和自行其是，而是指为保证航空安全所做的工作，具体有如下几点：

① 自觉地、主动地严格执行已有的规章、标准和程序。自觉、主动与盲目、被动是完全不一样的，要在理解规章、标准和程序精神实质的情况下，想尽办法克服困难，做到真正贯彻落实。

② 当发现新情况和新问题时要保持高度的警惕性；做好充分准备，从容处置各种没有预想到的情况。

③ 努力学习，充实知识。对规章、标准和程序不但知其然，而且知其所以然，做到真正理解；认真吸取别人的经验，使之成为自己的经验。

能动性的内涵显然远不止这些，研究人的能动性的丰富多彩内涵，并找到如何将其充分发挥出来的途径是当下人为因素研究的重要任务。

4. 发扬集体精神

20 世纪 80 年代流行的 CRM 管理，原称“驾驶舱资源管理”后改为“机组资源管理”，以及后来在此基础上发展起来的 AQP(高级资格训练大纲),其核心就是要充分发挥飞行机组的整体功能。由重在培训个人到重在培训整体(飞行机组),这是航空人员训练思想的重大变革,对航空安全具有深远的意义。按照系统论,系统追求总体优化,发挥整体功能。为此各个组成部分必须相互协调配合,局部服从总体,形成合力。航空装备是非常复杂、高度自动化的大系统,系统中的维修人员绝不能各自为政,必须发扬集体精神、齐心协力,最优地发挥系统的整体功能,只有这样航空安全才能得到有效的保障。因此,把 CRM 基本精神推广到整个系统,作为一种行为准则来规范每个成员,对于系统的健康发展无疑会产生非常积极的作用。那么,怎样处理好集体成员之间的关系?为使集体关系融洽,人员应当具有什么样的个人素质?倡导什么样的航空装备维修文化才能培育集体精神?这些问题都值得深入研究。

5. 培训研究

培训研究是人为因素的重要组成部分。当今世界,一方面,技术的高度复杂化和快速更新使培训任务更加繁重;另一方面,人素科学的进展和网络手段的普及为培训理念的革新和培训方法的多样化奠定了基础。社会上正在呼唤"学习的革命""教育的革命",培训的改革势在必行。如何改革培训,从而提高培训质量同时降低培训成本,目前,已经引起世界航空界的重视,也是我们必须抓紧研究的一项十分重要而紧迫的课题。

第 2 章　现代航空装备维修人-机-环境

人-机-环境系统的含义和范围很广，现代航空装备维修人-机-环境系统的分析应着重研究人、机、环境三大要素各自具备的功能及相互关系，以及它们对系统总体性能的影响，不断修正和完善人-机-环境系统的结构方式，最终确保最优组合方案的实现，以减少航空装备维修差错，保证航空装备维修安全。广泛意义下的系统应具有四个基本要素，即系统的功能、系统的经济性、系统的安全性和系统的舒适性。四者不是孤立存在，而是有机结合起来的。

2.1　人-机-环境系统的要素

人-机-环境系统工程的研究对象是人-机-环境系统，而且这种系统一般都是一个复杂的大系统。对于任何一个庞大的人-机-环境系统来说，在满足功能的前提条件下，还要满足系统的经济性和安全性。随着科技文化水平的提高，操作环境的舒适性也将成为重要指标。

2.1.1　系统的功能

为了实现系统所要求的目标，必须明确系统的效能或功能。在系统比较简单、目的明确的情况下，系统所具备的效能可以被详细地描述；在大型系统或目的比较抽象的情况下，效能本身构成复杂，对效能的描述并不容易。在明确效能的前提下，才能合理分配人和机的任务。近年来，国内外盛行的对人-机界面的研究则是从功效的角度研究人机协同工作的协调性。

为了发挥系统的功能，必然会伴随种种费用的产生，系统的效能和系统的经济性之间的关系可用费用与效能比来评价。故在考虑系统的效能时，必须要考虑系统的费用，因此系统的费用（经济性）自然成为评价系统的指标之一。

2.1.2　系统的经济性

所谓经济性，就是指在满足系统技术要求的前提下，尽可能投资最少。经济性有两个含义，一是对于一个广泛意义下的系统来说，有系统的使用者和制造者之分，两者都将获得适当利润作为生存和再生产费用，这是为了利润而对经济性提出的要求，是资金面上的经济性问题。二是为了评价系统，常使用金额作为效率的评价尺度。从利用的角度来说，希望效率越高越好，这也是我们常指的高效。这是对系统提出的最根本要求，否则，就失去了一个系统存在的意义。尤其在科学技术蓬勃发展的今天，人-机-环境系统变得越来越复杂，对整个系统的要求也越来越高，因而对高效性的要求也更强烈。当然，在设计和实施任何一个人-机-环境系统时，为了确保高效性能的实现，往往都希望尽量采用最先进的技术；同时，必须充分考虑为此而付出的代价。

2.1.3　系统的安全性

安全是指不出现对人体的生理危害或伤害，并避免严重事故（如飞机失事）的发生。很显然，在任何一种人-机-环境系统中，作为系统主体的人可以说是最灵敏的，他能根据不同任务要求来完成各种作业。然而，他在系统中也是最脆弱的，尤其在各种特殊环境下，矛盾更为突出。因此，考虑系统总体性能时，重视安全是理所当然的，这也是人-机-环境系统与其他工程系统存在显著差异之处。为了确保安全，不仅要研究不安全因素的产生原因和需要采取的预防措施，而且要探索不安全的潜在危险，力争把事故隐患消灭在萌芽状态。然而，建立人-机-环境系统的目的，并不单纯为了安全，更重要的是使整个系统能高效率地进行工作。

2.1.4　系统的舒适性

舒适是指以人为本，满足人的生理和心理要求，使人处于最佳的工作环境状态。环境物质条件的不完善对人的生理和心理的影响必将导致工作效率的降低。如前几年某型机的座舱温度高达 50～60 ℃，使飞行员的体力和判断能力等下降。舒适性要求也与经济发展有关，在我国综合国力不断增强，维修保障条件逐渐改善的前提条件下，提倡应满足人的舒适性，从而使人-机-环境系统的综合性能得到提高和完善。

所以，应从功能、经济、安全、舒适这四个方面对系统进行综合研究，才能比较全面地衡量一个人-机-环境系统的优劣，这正是系统分析应该达到的目的。

2.2　人-机-环境系统的分类

根据各种系统的性能特点与复杂程度，通常将人-机-环境系统分为以下三种类型。

2.2.1　简单人-机-环境系统

在这类系统中，有 1 名或几名维修操作人员在特定环境中维修操作 1 台机器。现行的汽车、火车、飞机等属于这类系统。

2.2.2　复杂人-机-环境系统

这类系统的特点是：1 名维修操作人员可以维修操作 2 台以上的设备，或者 1 台甚至多台设备同时被几名维修操作人员操作。目前，许多航空设备的维修操作都属于此类。

2.2.3　广义人-机-环境系统

广义（或大规模）人-机-环境系统广泛存在于各种生产部门。各生产部门的最高决策者通过一套指挥/控制系统，对下属各基层单位的生产状况实施统一的管理和调度，这是一种典型的广义人-机-环境系统。

很显然，无论是简单的、复杂的，还是广义的人-机-环境系统，都是一个复杂的大系统。因为人体本身是一个系统，设备或计算机也是一个系统，再加上各种环境因素的作用和影响，因而形成的人-机-环境系统就是个复杂的大系统。实践证明，对任何一个系统来说，系统的总体性能不仅取决于其组成要素的单独性能，更重要的是取决于各要素的关联形式，即信息的传递、加工和控制方式。因此，要实现人-机-环境的最优组合，其难度相当大。而且，原先关于人-机-环境这三种因素的研究属于不同的学科领域，其研究方法和思想也大不相同。现在，为了将它们组合成一个复杂的大系统，首先必须有一个能够统一描述人、机、环境各自能力和相互关系的理论。没有这样一个理论作指导，就根本谈不上对整个系统做深入研究，也就更谈不上实现全系统的最优化设计。针对这种现实，人-机-环境系统工程应运而生。

2.3 人-机-环境系统功能的分配与评价

当系统进入设计阶段后，成功的人机系统设计往往要经历五个过程：①人、机功能分配；②人、机组合；③设计人-机界面和作业工具等；④对系统进行评价，在不满足系统要求的情况下重返过程；⑤系统最终设计。

2.3.1 系统功能的分配

无论机械设备的性能有多先进，都需要人来进行直接或间接的操纵和管理。即使是全自动控制系统，它也只能进行正常情况下的操纵；在非正常情况下，如高速列车前方轨道上有障碍物或自动控制系统受干扰发出错误信号等，还需要驾驶员采取果断措施来避免意外事故，这在日本新干线的运行中已得到证实。故在人机系统设计时，要充分考虑人的作业能力对系统效率的影响，使人、机之间进行最佳匹配。为了做到这一点，在目的和条件（必要条件、制约条件、环境条件等）明确的情况下，必须找出人、机之间的特点和界限，以此作为人、机功能合理分配的依据。表 2.1 列出了人与机械的特点和界限的比较。

表 2.1 人与机械的特点和界限的比较

项　目	机　械	人
检测	物理量的检测范围广、正确率高；可以检测像电磁波这样人不能检测的物理量	感觉器官具有与认识直接联系的高级检测能力；没有一定标准，会出现偏差；具有味觉、嗅觉和触觉
操作	在速度、精度、力量、操作范围、耐久性等方面比人优越；对液体、气体、粉状体的处理比人优越；处理柔软物体不如人	运动器官手具有多自由度，而且各自由度间可进行微妙的协调，可以在三维空间进行多种活动；由视觉、听觉、变位、重量感觉等获取的信息能够扩展到运动器官进行高级运动
信息处理功能	在事先编制程序的情况下，可以进行高级、准确的数据处理和保存等	具有特征抽取、归纳、模式识别、联想和发明创造等高级思维能力和丰富的经验
耐久性、可维修性	根据成本需要适当的维修保养；可以进行单调的反复作业	需要适当的休息、修养、保健、娱乐；很难长时间保持紧张状态；不适于从事刺激小、单调乏味的工作
可靠性	根据成本而定；设计合理的机械对事先设定的作业有很高的可靠性，但对预料之外的事件无能为力；特点是一定的，不会发生变化	在突发的紧急情况下，很可能产生不可靠；作业欲望、责任感、身心状态、意识水平等是由心理和生理条件决定的；容易出差错；有个体差异，而且根据经验的多少变化，并受别人的影响等

续表 2.1

项　目	机　械	人
通信	只能用特定的方法与人之间进行信息交流	人与人之间很容易进行信息交流，人员的管理很重要
效率	功能复杂的机械重量大，需要很大的功率；可以根据目的设计必要的功能等；新机械的设计、制造周期长	小巧，功率在 100 W 以下；身体功能是一个整体，因而它是万能的；须适当处理必要功能以外的事件；需要教育和训练；必须采取绝对的安全措施等
柔性和适应能力	专业机械不能改变用途；比较容易调整	通过教育和训练，有多方面的适应能力；难以调理
成本	购置费、运转费、保养费；一旦机械不能使用就失去机械本身的价值	工资及福利待遇等；如果发生万一，可能失去生命
基本界限	性能维护能力界限；正常动作界限；判断能力界限；费用界限	正确度界限；体力界限；行动速度界限；知觉能力界限

2.3.2　系统的评价

对系统进行评价是确保系统经济、安全和适用的关键。评价不是在系统完成后进行的，而在系统的设计阶段就开始，即在前述的过程①和④间反复进行，直到达到要求为止。特别像航空作业这类地面难以实验模拟的问题，更依赖于评价技术。为了进行评价，要先建立系统模型，用模型来表示作业对象、使用的器具和材料及环境条件等。模型描述包括语言描述、图形描述、数学描述等，它们可以单独或组合使用，如计算机仿真是建立在图形描述和数学描述基础上的。由于数学描述在表达实际系统时受到很多限制，因此，它和图形描述相结合更有利于全面地反映系统的特性。目前，很多图形描述已经加入了语言功能，且图形描述和数学描述的结合也方便快捷，如为了模拟航天员在太空建空间站，在草图上画出空间站的基本结构，再扫描进入计算机，计算机能对草图进行三维修改，并将航天员与建设中的空间站相结合，从而在一个特定的作业点模拟航天员接近、到达及确定的最佳工作点和工作域（工作面处于航天员的最佳视域范围、手操作范围、活动范围）、进行操作工具的工效评价等。进一步将图形技术与动态仿真软件兼容，可进行零重力下航天员在空间站舱外机动装置或作业过程中的分析和干涉碰撞预防、手动姿势和任务完成分析等，而航天员仿真的计算精度由地面大型水槽下的试验结果来保证。

2.4　人-机-环境系统的经济性分析

一般说来，系统的经济性能包括生产费用、训练费用、运行和管理维护费用三个方面。

2.4.1　生产费用

人-机-环境系统是一个复杂的大系统。建立这种大系统，一般都需要大量的经费投资，而一旦系统建成后，又可获得一定的效能。如果把费用和效能都折合成货币形式来比较，并定义为效能/费用比值，那么对任何系统来说，效能/费用比值应越大越好。为了降低整个系统的生产费用，必须在人、机、环境三要素的最优组合上下功夫。例如，在确定机器的性能指标时，决不能忽视人的生理和心理特点。如果只是一味追求提高机器性能,而不考虑人的局限性,其结果只能是投资较大,收益甚微,效能/费用比值大大降低。再如,正确处理整体与局部的关系,往往也能在一定程度上降低生产费用。

经济性与安全性是一对矛盾的组合,要视系统内容区别对待。如载人航天工程,安全性始终放在第一位,若人的安全得不到保证,则经济性和高效性无从谈起。但对于大多数系统来说,情况则复杂多了。以汽车制造为例,提高汽车的壁厚,在一定程度上可提高系统的安全性,但提高壁厚将增加投资费用,且汽车的壁厚还影响到汽车的总体重量,这又相应提高了使用者的汽车运行费。为此,系统的经济性也存在复杂的评价问题。

2.4.2 训练费用

为了降低运行、管理和维护费用,机器的设计应尽量标准化、模块化和通用化。训练费用与系统的复杂程度有关,系统越复杂,人学会使用的时间就会越长,这必然造成训练费用增加。为了降低训练费用,为人-机-环境系统配备相应的训练设备(或称训练模拟器)是十分重要的,如航空装备维修人员可采用地面维护训练模拟器进行训练。

2.4.3 维护费用

设计和建立人-机-环境系统是要保证整个系统在运行时工作性能最佳。这里所指的最佳有两个含义,一是系统的工作效果要佳;二是人的工作负荷要适度。所谓工作效果是指工作速度、运行精度和运行可靠性等的情况;所谓工作负荷,是指人完成任务所承受的工作负担和工作压力,以及人所付出的努力或注意力大小,如操作轻松或操作紧张,是否易于疲劳等。以前,人们只是对各种机器的工程质量提出种种衡量标准,却忽视了对人的工作负荷进行评定,这往往对系统工作效率的综合评价造成很大影响。为了弥补这种不足,现将系统的工作效率定义为系统工作效果和人的工作负荷的函数。

为了提高系统工作效率,应从以下五个方面着手:

① 根据人、机的各自特点,合理分配人、机功能,这对系统效率的提高影响极大。

② 人-机界面的合理设计。人-机界面是指人与机器(设备、系统或计算机)的接合部或接口。随着计算机的普及应用,自动售票机、银行的 ATM 等的使用都依赖于人-机界面。对于航空航天、汽车船舶等运动体上的人-机界面,或原子能发电站等关键设备的控制仪表盘来说,操作失误带来的危害是十分严重的。人-机界面的设计主要是指显示器、控制器的选择,显示器和控制器之间的协调,以及显示器、控制器在作业过程中与人之间的协调。人-机界面是人、机信息交换的重要部分,显示器将信息呈现给人,使人充分了解机器的工作现状;控制器将人的信息传递给机器,实现人的操作意图。因此,合理设计人-机界面是提高系统工作效率的重要措施。值得指出的是,在进行人-机界面设计时,除了要单独保证显示器和控制器本身的最佳性能外,还必须重视显示与控制之间的协调,如显示与控制之间运动方向的匹配、显示和控制灵敏度的适当配合、杆力大小的选择等,这些也将对系统工作效率产生极大影响。

③ 通过选拔和训练,提高人的工作能力。实践证明,工程上有时可能要付出很大代价才能使系统性能提高百分之几,而更换一个好的操作人员或尽量挖掘人的潜力,也许可将系统性能提高百分之十几,甚至更多。

④ 在机器设计时,应尽量改善它的可操作性,使其符合人的要求。除此之外,还可在人的

控制回路中增加校正网络，以改善机器的可操作性。

⑤ 确定适当的环境条件。人-机-环境系统与以往相邻学科的最大区别之一就是将环境作为系统的一个环节。只有这样，才能从系统的总体高度对环境条件进行全面规划。环境因素对系统的不利影响，有的可以消除，有的可以防护，有的可减至最低限度，有的可获取环境因素综合影响的最佳值，使系统处于最佳工作状态，从而大大提高系统的工作效率。这就从根本上杜绝了那种先出产品、后治环境，头痛医头、脚痛医脚的被动局面。

2.5　人-机-环境系统的可靠性与安全性分析

系统的安全性往往与系统的可靠性相关联，但两者是有明显区别的。

2.5.1　可靠性与安全性的内涵

可靠性是系统、零件和部件等在规定的条件下具有规定机能的概率所表现出的特性，该概率被定义为可靠度。可靠性是定性的表现，可靠度是用概率定义的可靠性的量化值。安全性是指不发生人员的伤亡或不引起机器、设备、器材的损伤。单从字面含义上理解，两者就不一样，安全性讲的是安全问题，可靠性讲的是可靠不可靠的问题。两者的英文单词也不一样，安全性是 safety，可靠性是 reliability。为了能尽量说清楚这个问题，先看看下面几个学者的观点：

观点一：两者靠功能来区分。

马克·拉森和斯图阿特·汉恩所著的《系统设计的安全性和可靠性》是目前我国民用飞机进行安全性和可靠性设计的较有权威的指导性文献。该书作者认为，可靠性和安全性分析主要关心的问题是设备和系统为什么不工作，也就是失效问题。用概率来计算安全性和可靠性的原理是相同的。简单地说，安全性就是不因系统的失效或故障而产生事故的概率。这就使我们能把安全性看作是必须完成预定功能的可靠性水平。故安全性或可靠性，是影响失效的函数。从可靠性观点看，系统中有三类设备功能：

① 安全功能——必须由至少在所规定的最低安全水准下工作、预防事故出现的设备来完成；

② 要求功能——由预定保证系统正常工作若干时间的设备来完成；

③ 便利功能——由旨在易于操作、增加方便性的设备来完成。

对上述三类设备功能的可靠性要求，在量值上是有很大差别的。对于一架运输机来说，第一类包括由动力装置（包括发动机和燃油系统）、各种操纵器件（包括刹车）、起落架、应急电源、某些电子设备和导航仪表等所完成的安全功能。这些设备的功能必须有极高的可靠性，它是根据机上乘员和旅客的安全性要求而确定的，而不是出于对系统成本的考虑。对第二类、第三类设备功能的可靠性要求则依次降低，其要求的高低更多是由经济因素来决定的。

也有学者认为，安全性与可靠性和其他系统参数一样，可以表示为概率，即设备在规定的工作状态和期间内安全工作的可能性。两者分析技术相似，甚至在某种情况下，可以用可靠性分析方法去进行安全性分析，例如故障树分析、故障模式和影响分析就是它们共同的分析工具。但是安全性和可靠性也有不同之处，一般说来，安全性研究的是某种特定状态的可靠性，它是围绕着危险故障状态进行的，从灾难性故障直至主要危险的故障，它是对关键性系统进行系统的安全性分析，一般不对主要危险以下的故障进行安全性分析。一般说来，除对采用新技术的系统或与以前系统相比具有新功能的系统进行安全性分析之外，还要对安全项目即系统的关键部件进行安全性分析。而可靠性分析，则对飞机每个系统（包括关键系统、关键部件，或一般系统、一般部件）都要进行。

观点二：两者对立论。

《安全性与可靠性思想》的作者 Follensbee 认为，在飞机设计中，安全性不是可靠性，它们虽有关但完全属于不同目标的不同概念。简而言之，可靠性与失效频率有关；安全性与失效结果（影响）有关。一架飞机的设计可能是安全但不可靠的，或者是可靠但并不安全的，或者是安全又可靠的。安全性与可靠性本质上是有关的，它们是趋于互补或相对立的独立设计参数，但一个不能代替另一个。

美国南加利福尼亚大学的 Peller 博士认为，安全性和可靠性，有一个很细微但很重要的区别，那就是两个概念回答的是两个不同事件的不同问题。可靠性回答的是“某个事件多长时间会失效（指失效的频率）”，而系统安全性回答的是“当某个事件失效时会发生什么”。可靠性尽管也涉及整个系统的失效率，但其更突出地关心单个部件的失效率，而安全性直接关心系统作为一个整体的完整性。“how often”与“what happens”相比较，两者的区别是系统安全性成为一个单独概念的原因，与系统可靠性无关。众所周知，一个可靠的系统不一定是一个安全的系统。

以上几种观点中有两个共同点，第一，安全性不完全等于可靠性；第二，安全性和可靠性都与失效概率有关。既然最基本的两点看法一致，那么为什么最后的分析结果产生了分歧？问题出在概率的分类和应用上。我们知道，同一个设备/系统的失效可能分好几种情况，有的情况失效时会导致危险事故发生，有的失效则不会产生安全影响，仅仅带来一些维修性的工作。发动机故障并不代表发动机一定会空中停车，发动机平均故障率也并不等同于发动机空中停车率。也就是说，安全性失效模式会影响飞机安全性，非安全性失效模式会影响设备/系统的可靠工作，所以我们在进行安全性分析时应该采用安全失效概率，在进行可靠性分析时应该采用所有模式的失效概率，即 1/MTBF（称这两种概率分别为安全失效概率和失效概率）。

目前，我们分析计算的时候，不管是安全性分析，还是可靠性分析，都用一个 MTBF 值来取得概率，不同的概念采用同一个概率、同一种模式来分析，其结果必然导致混淆。

基于以上认识，安全性和可靠性的关系可以描述如下：第一，安全性和可靠性都与失效概率有关，但安全性是安全失效率的函数，可靠性是所有失效率的函数；第二，安全性和可靠性是不同的两个概念，安全性与失效结果有关，可靠性与失效频率有关。

2.5.2 可靠性的基础理论

可靠性的故障解析用概率和统计的方法来描述。

对某一讨论的对象，设时刻 t 发生的累积故障率或不可靠度为 $F(t)$，则

$$F(t)=\frac{n_f(t)}{n_0} \tag{2.1}$$

式中，n_0 为所讨论对象的总数；$n_f(t)$ 为到时刻 t 为止发生故障的个数。

$F(t)$ 还可用故障密度 $f(t)$ 来表示，即

$$F(t)=\int_0^t f(t)\mathrm{d}t \tag{2.2}$$

设 $n_s(t)$ 为讨论对象在时刻 t 仍正常运行的个数，则 $n_s(t)$ 和 $n_f(t)$ 的关系为

$$n_s(t)=n_0-n_f(t) \tag{2.3}$$

可靠度 $R(t)$ 定义为 $n_s(t)$ 与 n_0 之比，即

$$R(t)=\frac{n_s(t)}{n_0}=1-F(t) \tag{2.4}$$

由上式可得

$$\frac{\mathrm{d}R(t)}{\mathrm{d}t}=\frac{1}{n_0}\frac{\mathrm{d}n_s(t)}{\mathrm{d}t}=-\frac{\mathrm{d}F(t)}{\mathrm{d}t}=-f(t) \tag{2.5}$$

将单位时间的故障率与 $n_s(t)$ 之比定义为故障概率 $\lambda(t)$，结合上述各式有

$$\begin{aligned}\lambda(t)&=\frac{1}{n_s(t)}\frac{\mathrm{d}n_f(t)}{\mathrm{d}t}=-\frac{1}{n_s(t)}\frac{\mathrm{d}n_s(t)}{\mathrm{d}t}=-\frac{1}{R(t)}\frac{\mathrm{d}R(t)}{\mathrm{d}t}\\&\frac{1}{R(t)}\frac{\mathrm{d}F(t)}{\mathrm{d}t}=\frac{f(t)}{R(t)}=-\frac{\mathrm{d}\ln R(t)}{\mathrm{d}t}\end{aligned} \tag{2.6}$$

对式(2.6)积分，有

$$R(t)=\exp\left[-\int_0^t\lambda(t)\mathrm{d}t\right] \tag{2.7}$$

当 $\lambda(t)$ 为定值 λ 时，有

$$R(t)=\mathrm{e}^{-\lambda t} \tag{2.8}$$

2.5.3　系统的可靠性

设一项工作由很多工序组成，每一道工序都有其失误概率，可靠度则可看成是总的失误概率的函数，即可靠度=1－总的失误概率。人-机系统的可靠性取决于人的可靠性和机的可靠性。设人的可靠度为 R_H，机的可靠度为 R_M，则系统的可靠度为 $R_S=R_H/R_M$。当无法提高人的可靠度时，可采用冗余度等来提高系统的可靠度，即减少系统的失误概率。设系统由 2 个部件组成，它们的可靠度分别为 R_1 和 R_2，将这 2 个部件分别用串联和并联的方式装配在一起时，并联系统的可靠度将高于串联系统的可靠度。

对于串联系统，系统的可靠度可写为

$$R_S=R_1R_2 \tag{2.9}$$

由上式可知串联系统的可靠度 $R_S\leqslant R_1$ 及 $R_S\leqslant R_2$。

对于并联系统，设 $1-R_i(i=1,2)$ 为系统的非可靠度，即发生失误的概率，则系统的可靠度可写为

$$R_S=1-(1-R_1)(1-R_2)=R_1+R_2-R_1R_2 \tag{2.10}$$

由于 $R_1\geqslant R_1R_2$ 和 $R_2\geqslant R_1R_2$，故并联系统的可靠度总是大于或等于串联系统的可靠度。

因此，并联系统是一种保持冗余度的基本结构。

将串联系统和并联系统有效结合是提高总系统可靠性的方法之一。如某系统由 5 个部件(A,B,C,D,E)串联构成，各部件的可靠度分别为 $R_A=0.9$、$R_B=0.99$、$R_C=0.7$、$R_D=0.75$、$R_E=0.95$。系统如果只使用这 5 个部件，则系统的可靠度仅为 0.44。为了确保该系统的可靠度在 0.75 以上，可考虑采用如图 2.1 所示的系统构成，即将可靠度较低的 C 和 D 分别用数个相同部件并联，以提高其总的可靠度后再与其他部件串联使用。此时系统的可靠度为

$$\begin{aligned}R_S&=R_AR_B[1-(1-R_C)^3]\times[1-(1-R_D)^2]R_E\\&=0.9\times0.99\times[1-(1-0.7)^3]\times[1-(1-0.75)^2]\times0.95\end{aligned}$$

$$=0.77 \tag{2.11}$$

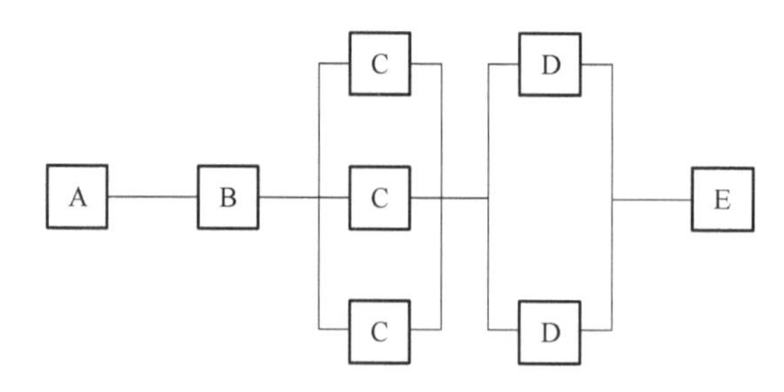

图 2.1　系统构成

图 2.1 所示的局部并列系统中的部件会因长时间运动而劣化。如将其中 1 个或 2 个部件设置为待机状态，当工作的部件出故障时，通过监测与转换装置立即将另一待机部件接入，使之代替原部件工作。这种系统称为备用冗余系统，而备用冗余系统的可靠性又将高于上述的并联冗余系统。

如一并联系统由 2 个部件组成，当 1 个部件为备用时，系统的可靠度为

$$R(t)=\mathrm{e}^{-\lambda t}(1+\lambda t) \tag{2.12}$$

如一并联系统由 n 个部件组成，当$(n-1)$个部件为备用时，系统的可靠度为

$$R(t)=\mathrm{e}^{-\lambda t}\left[\frac{1+\lambda t+(\lambda t)^2}{2!}+\frac{(\lambda t)^3}{3!}+\cdots+\frac{(\lambda t)^{n-1}}{(n-1)!}\right] \tag{2.13}$$

由上式可知，当部件的可靠度为 0.9，则由 2 个部件组成的并联系统的可靠度为 0.99，而改为备用冗余系统后的可靠度为 0.995。

从人-机系统可靠性分析飞机可靠性时，可考虑最基本的两个相互依赖的因素。以人这一方为例，飞机由 1 个飞行员驾驶和由 2 个飞行员并联驾驶的可靠度是大不相同的，2 个飞行员的并联驾驶将极大地提高整个系统的可靠度。由此可知，在硬件设计和产品质量已达到先进水平的时代里，如何提高人的可靠性将成为系统设计的重要因素。

2.5.4　系统的安全性分析

在系统的立项论证阶段、研制阶段、使用阶段、事故发生后和全寿命周期内五个阶段要对其安全性进行系统分析。

1. 立项论证阶段

在立项论证阶段，缺乏安全性设计标准，就无法提出全面、准确的安全性指标。国外早在 20 世纪 60 年代就提出了系统安全设计理论，它改变了系统研制中通过“试验—改进—试验”的“试错”模式来获得可接受的安全性水平的传统观念，要求在系统的整个寿命周期中都识别、分析和控制危险，强调在系统设计阶段将安全性指标落实到系统中，以保证系统在以后的试验、制造、使用和保障以及退役处置中都是安全的。例如，先后提出并完善的余度设计技术、人机系统优化等安全理论，使得现代航空装备的安全性得以大幅度提升。

当前，新型飞机和特种飞机价格昂贵、乘员较多，一旦发生事故就会造成重大经济损失，并产生严重社会影响。因此，应加强新型飞机安全性理论研究和论证工作，建立安全性参数体系，提出安全性指标，有效规范工业部门落实安全性设计要求，以保证飞机在全寿命周期内的安全性。

2. 研制阶段

在研制阶段，缺乏安全性设计理论和验证方法，就无法对安全性开展有效验证。对航空装备安全性影响最大的是设计阶段。如果设计方案本身对安全性考虑不周，从而引入潜在危险、设计计算错误、无防差错设计等缺陷，均可导致使用中发生空中和地面事故。安全性设计的目的就是要避免发生这些问题，使航空装备在整个寿命周期中能提前识别和控制危险。

安全性设计理论涉及飞机及其系统设计的各个方面。例如，凡关系到飞机安全的主要系统、设备、机件应采用余度技术、备用系统和结构破损安全等设计原则，并配有故障自动保护措施。凡关系人、机安全的部位，应有醒目的标记、符号、说明和防护、保险措施，防止由于系统、设备的使用维修差错而损伤人员或飞机。安全性设计强调在航空装备设计阶段就把安全性要求设计到装备中，保证“优生”。

在进行安全性设计的同时，还必须依靠定型前各阶段试验来保证安全性能的落实，确保把新研装备的重大安全隐患暴露在装备定型之前。任何一项新技术、新材料和新工艺都有一个逐步认识到成熟的过程，在投入实际应用前必须经过严格的安全性试验和验证，这是航空装备预研和研制必不可少的重要环节，国外为了验证某些跨越梯度比较大的新技术，甚至采用先期研制技术验证机(如美国的 X 系列验证机)的方法进行试验验证。

3. 使用阶段

在使用阶段，缺乏必要的安全监控手段，也会给新老并存的装备安全性保障带来巨大压力。近 20 多年间，世界航空发达国家为提高航空安全水平，在以往地面安全监控手段的基础上，已经开始广泛采用机载实时动态安全监控系统，诸如预测与健康管理系统、单机寿命监控系统、近地告警系统、交通警戒与避撞系统、飞机状态异常告警和状态恢复装置、失速/螺旋告警和改出装置、迎角指示器和迎角限制装置、飞机防/除冰装置、风切变预警装置等安全装置等。这些主动安全技术在飞机上的推广，大大减少了飞行事故的发生。国际民航组织资料显示，1995～2004 年的 10 年间，灾难性事故的减少在很大程度上归功于对可控飞行撞地类事故的预防，美国航空公司自 1989 年为飞机加装交通警戒与避撞系统后，还没有发生过空中相撞事件。

先进民航飞机采用的预测和健康管理系统通过诊断、预兆和异常状态推理程序来确定飞机可能出现的故障，并生成状态报告。在飞行过程中，如果预测和健康管理系统的状态报告会对近期任务产生影响，则其将通过机载超高频设备直接传送给地面站，在飞机到达下一站之前，地勤人员已经做好了维修方案，确保了航班高效运行。

航空装备的现状是几代并存，老型号仍在使用，一种新的工业产品研制成功投入批生产后要通过使用实践去暴露问题，才能逐渐进入成熟期。这两个方面给保障安全带来了巨大的压力，因此，需要采取地面检测和机载监控技术来保证飞行安全。

4. 事故发生后

在事故发生后，缺乏先进的飞行事故调查和失效分析手段，就会对及时、准确查明事故原因造成影响。飞行事故调查和失效分析是保障飞行安全极为重要的工作。事故、事故征候调查和失效分析是对装备安全性的最终检验，是装备全寿命安全性工作的重要环节。历史上很多重大技术的进步都源于事故调查和失效分析，如对颤振、结构疲劳和音障的认识，损伤容限概念的形成等。通过事故调查和失效分析,不断揭示设计、制造、使用、修理以及管理等方面的问题,深化对航空装备发展内在规律的认识,不断推动航空技术的进步和航空装备安全性水平的提高。飞行事故一旦发生,如不及时查清原因,采取相应的改进和预防措施,同样事故还将发生。因此,避免事故重复发生的关键在于能否迅速准确地查明事故原因,采取切实有力的预防措施。

5. 全寿命周期内

在全寿命周期内,缺乏对航空装备质量安全信息闭环控制,装备存在的问题就得不到系统解决。质量安全信息不仅仅指外场信息,还指装备从研制、试验、试飞、鉴定定型到外场使用、失效分析和退役处理整个寿命周期内的所有与质量安全有关的信息。分析质量安全信息是获取装备存在缺陷的最廉价、高效的途径,是不断改进飞机设计、生产质量进而改善飞机安全性的重要依据。按海因里希安全理论,系统分析质量安全信息,不但能预报危及安全的隐患,而且可以发现倾向性问题,为采取措施、预防事故指明方向。

目前,信息对保障安全的作用未完全发挥出来。一方面是因为研制、试飞、使用和修理等行业之间横向沟通不够,尤其是受部门利益的影响,对外提供的质量安全信息避重就轻,以致一些安全隐患不能及时发现和处理,难以从技术、手段、方法和制度上采取综合解决措施。另一方面是因为对外场的故障信息及时统计和分析不够,更没有开展深层次研究,很多影响安全的问题得不到系统解决。

2.5.5 安全性与可靠性设计

在进行系统安全性与可靠性设计时,要具有权衡设计的思想,因为安全性与失效结果相关,所以提高安全性的有效途径之一就是增加备用系统进行补救,即采用并联设计;而可靠性与失效的频率有关,所以提高可靠性的有效途径就是尽量减少系统中的部件数量,并改善系统中每个部件的性能以延长它的故障间隔期。简单点说,提高安全性要增加部件,提高可靠性要减少部件,安全性和可靠性之间存在着矛盾。在飞机设计中,如何把握两者的尺度,搞好权衡设计非常重要。

因为航空装备更多考虑的是出勤率和利润,需要有较完善的维护设备和大量的维护人员,关心人机安全性,因此,飞机的研制和改进,必须针对不同的用户来对安全性和可靠性做出适当的权衡。譬如 MA60 飞机,其安全性已得到适航部门批准,它欠缺的不是安全性,而是可靠性和维护性。所以针对 MA60 后续的改进就应该以提高可靠性为重点,改善维护性,而不是去加强安全性,搞更多的余度设计。

其实,飞机在方案设计阶段就需要在系统可靠性与系统安全性之间权衡利弊,针对不同的用户进行适当的分配。就好比一个天平的两边,受到各种诸如重量或成本等因素的制约。

在进行安全性和可靠性分析时,安全性应采用安全失效概率来计算,可靠性应采用失效概率计算。用安全失效概率计算出的安全性指标可用来证明飞机的安全性良好,符合国家法律要求,是为了取得国家法定部门颁发的型号合格证或生产许可证用的。而用失效概率计算出的可靠性指标可用来证明飞机的使用性、维修性良好,符合用户利益,是为了向用户证明飞机的经济性良好。

研究民机适航条例 CCAR-25 就会发现,它只是要求一个飞机的设计应符合安全性标准,并没有强调可靠性的设计。CCAR-25 中没有要求可靠性数据,第 1309 条中也没有包含"可靠性”这个词。所谓飞机设计的可靠性只是用户和市场所强调的，为了共同的利益，用户和制造商可能会携手共同提高飞机的可靠性。所以我们说，可靠性体现的是产品应用和维修思想。具体到我们的工作中，安全性分析是飞行手册和主要最低设备清单的制定依据，可靠性分析是维修大纲和维修手册的制定依据。

系统的安全性评价和可靠性分析是飞机系统设计中最主要的工作，其中的故障树分析、概率计算和权衡设计等是一门高深的学问，绝非几句话可以说清楚。因此有必要认真地讨论这一问题，争取早日达成科学的共识。

2.5.6　人-机-环境系统的人为失误

在人-机-环境系统中，一些恶劣的特殊环境（如高温和低温、高噪声、低压、缺氧、辐射等）会给人的生命安全带来危害，这点已为人们所共识和重视，且环境所涉及的内容较多，后面章节会有讨论，这里不再赘述。但是，由于人的操作错误（或称人为失误）造成系统的功能失灵，甚至危及人的生命安全，往往不被人们所认识，或者没有引起足够的重视。实践表明，随着科学技术的不断发展，人所操作的各种装备也日趋复杂，对操作装备的人要求也越来越高。不仅要求准确、熟练地操作装备，而且要求能准确、熟练地分析和判断数据，能迅速地作出决策或对复杂情况迅速作出反应。然而，人的能力是有限的，如果先进的装备对人的操作要求过高，超出人的能力范围，就容易发生操作错误。这不仅使系统性能得不到发挥，甚至会使整个系统失效或发生重大事故。因此，如何从总体设计上尽量减少系统的不安全性，是确保安全性能实现的关键。

人-机系统中人的可靠性与人为失误紧密相关，人为失误也与人的性格、性情有关。在设计良好的人机环境系统下工作，多数人不会出现人为失误，但总有一些特殊类型的人还是会出现失误。因此，通过适应性检查，根据人的特性进行分工和培训等非常重要。

人为失误与大脑的意识水准有关，大脑的意识水准可分为以下 5 个层次：

第 0 层次，无意识或神志丧失，表现为注意力为零，即在睡眠状态；

第 1 层次，意识异常，反应迟钝，表现为人处在疲劳状态，可靠度在 0.9 以下；

第 2 层次，正常意识的意识松弛阶段，表现为人在安静或休息、一般性作业的状态，可靠度在 0.99 以上；

第 3 层次，正常意识的意识清醒阶段，表现为人在积极活动状态，可靠度在 0.999 99 以上；

第 4 层次，超常意识，意识极度兴奋激动阶段，表现为人在紧急防卫反应时的恐慌和紧张等状态，可靠度在 0.9 以下。

高级劳动的意识水平高，而疲劳或对各种事物或操作无兴趣时的意识水平下降，注意力分散，均容易出现操作错误。因此，加强责任心教育，并合理安排生活作息制度等非常重要。在重大事故、故障发生时，操作人员的意识水平也可能处于异常兴奋状态。操作人员由于责任太大而且要在短时间内作出决断，具有巨大的精神压力，也容易出现人为失误。因此，训练要包括对异常情况的处理能力。

人为失误与人的复杂特性有密切的关系。随着科学技术的进步，机械因素的可靠性已有很大程度的提高。但与机械的可靠性相比，人的可靠性低则是一个突出的问题。随着人类的安全意识日益提高，人为失误问题也越来越被重视。

从人-机工程学角度看，人为失误是指人未发挥自己本身所具备的功能而产生的失误，它有可能降低人机系统的功能。从广义上讲，人的错觉也是人为失误；但在此，只有当错觉影响系统的功能时，才当作人为失误对待。

产生人为失误的原因有很多。从人的角度讲，有的人受生理因素和心理因素的影响，也可能由机器或环境引起人的错觉或使人不能发挥本身功能等。人具有功能自由度，这使人具有根据实际而随机应变的能力；但也正是有了自由度，才会使人产生人为失误。

以飞机驾驶为例，有的驾驶员错拉了操纵杆而引起飞机失控，使刚离陆起飞的飞机坠地而造成严重人员伤亡事故。类似的还有飞机降落时因速度过快或跑道没有对准，飞机被迫拉起重新降落而引发的事故。这里既有驾驶员在紧急关头的处理不当，也不排除有人-机界面工效设计上的问题，如重要控制装置布置过密而按错按钮等。从人未发挥自己本身所具备的功能出发，表 2.2 列出了失误原因的分类。由表可知，失误原因的共性是没有进行人-机环境工效设计，而设计上的失误是引起操作人员失误的根本原因。

表 2.2　失误原因分类

系统研制的各阶段	失误的类型	失误的原因
设计	设计失误	不合适的功能分配，没有满足必要的条件，没有进行人-机工程学设计
制造	制造失误、检查失误	不正确的说明书和指示，不合理的工具，不适宜的环境，没有进行人-机工程学设计
检查	操作失误、安装失误、保养失误	不合适和不完全的技术数据，不合适的维修和保管，没有进行人-机工程学设计
操作	操作失误、安装失误、保养失误	不合适和不完全的技术数据，不合适的维修和保管，不合适的训练培养技术，没有进行人-机-环境工程学设计

在操作过程中，为了防止人为失误，必须先分析人的行为模式。如在 S-O-R（信号-有机体-反应）行为模式中，人的行为可以分为 5 个阶段：第 1 阶段，发现事物或信号；第 2 阶段，分辨信号；第 3 阶段，解释信号的含义；第 4 阶段，判断系统的状态；第 5 阶段，作出行动决策。

人为失误多发生在第 1～第 4 的知觉阶段，其原因主要是情况掌握不完全等。要减少失误，必须事先找到或预测出失误的原因。表 2.3 所列为人的操作失误出现范围的分类。

表 2.3　人的操作失误出现范围的分类

分　类	失误提示	原因分析
感觉融合	刺激过大或过小	1. 感觉通道间的知觉竞争；2. 超过通道容量的必要信息传送率；3. 信息的复杂性；4. 积蓄信息和运动模型的竞争；5. 信号的不明确性；6. 信息不充分；7. 信息反馈的缺陷等
信息	根据错误的信息或不完全的信息操纵机器	1. 训练：(1)省略了特殊训练；(2)示教不够；(3)再训练不够。 2. 操作说明书和检查表：(1)省略了操作步骤；(2)搞错程序 3. 监督：(1)省略了示教；(2)监督人员进行了错误的示教

续表 2.3

分类	失误提示	原因分析
显示	质、量、状态信息的设计	1. 操纵容量与显示仪表的配列和位置的不一致 2. 显示的识别性差 3. 显示的标准化差 4. 显示设计的缺陷：(1)指示方式；(2)指示形式；(3)编码；(4)刻度；(5)运动 5. 识别问题：(1)位置；(2)可读性、判读性；(3)符号
控制器	对系统或辅助系统的操纵和检测进行设计，根据系统的输入信息操纵机器	1. 操作容量与控制器的配置和位置不一致 2. 控制器的识别性差 3. 控制器的标准化差 4. 控制器的设计缺陷：(1)用法；(2)大小；(3)形状；(4)变位；(5)防护；(6)动态特性
环境	引起操作功能下降的物理、化学和空间环境	1. 操作特性的环境效果：(1)噪声；(2)温度；(3)湿度；(4)照明；(5)振动；(6)加速度。 2. 作业空间设计的缺陷：(1)操作容量和控制台的高度/宽度和距离；(2)座椅及腿的空间和可动性等；(3)操作容量；(4)机器配置和位置与可动性和识别性；(5)重要人员的过密配置
时间	引起操作压力系统的时间问题	1. 紧张状态的要求；2. 余地太小的日程安排；3. 太快的问答条件；4. 劳累过度，休息不足

根据人为失误分类来分析人的可靠性，可以表示为以下 3 个方面：

① 与输入通道有关的人的可靠度 R_1（对信号的感知、注意与理解）；

② 与信息判断有关的人的可靠度 R_2（对信号的正确判断）；

③ 与输出通道有关的人的可靠度 R_3（人的决策及操作动作的可靠度）。

上述 3 项可靠度之积是作业人员在理想的作业环境下的可靠度。此外，环境恶劣（如噪声的污染不仅引起人的听觉错误，而且使人心烦意乱，容易造成操作错误）或身心疲劳等情况也会影响人的可靠性，这些因素将分别以加权系数的形式考虑在人的可靠性中。

2.5.7　人-机-环境系统分析的基本步骤

在系统工程领域内存在一个普遍公认的命题："做任何一件事情、解决任何一个问题、达到任何一个目标、完成任何一项任务，一般总有不止一种方法、途径或办法，而在这些方法、途径、办法中，又总会有一种或几种是最好的或较好的"。这种寻求最佳途径的观点和思想，正是人-机-环境系统最优组合方式研究的基本原则。根据这一原则，可将总体分析的基本步骤概括为方案决策、研制生产和实际使用，其中方案决策最为关键。在方案决策阶段，总体分析是在几种可能的方案中选出一种最优方案。为此，首先应建立人、机、环境的数学模型，并借助计算机进行人-机-环境系统的数值模拟，以获得人、机、环境的最优组合。如为了将安全、经济和舒适 3 个指标综合为 1 个指标，可以定义一个综合评定值 Q，有

$$Q=a\times 安全+b\times 经济+c\times 舒适$$

式中，a、b 和 c 分别为各指标的加权系数，并有 $a+b+c=1$。

加权系数的选择取决于 3 种因素：第 1 种因素，国家的技术水平和经济实力，例如，当国家

经济实力较弱时，c 取较小值，反之应取较大值；第 2 种因素，人-机-环境系统的种类，例如，飞机与船舶相比，其安全性要求更高，故 a 可取较大值，而船舶可取较小值；第 3 种因素，人-机-环境系统的工作状态，例如，载人飞船的上升段由于不要求做更多的工作，b 可取较小值，但在轨道段，人的工作显得很重要，b 应取较大值。

舒适性由作业环境和人-机界面等因素构成。人处在一定的作业环境下工作、学习和生活，从人体热平衡来说，舒适性是要为人创造一个舒适的温热环境，另外空气品质要好，噪声和振动要降低到容许范围等。人-机界面包括的内容视作业内容而定，如对驾驶员来说，座椅的舒适性影响人的疲劳和工效，显示器的布局与信息显示影响眼的疲劳程度和人的视觉信息流工效。由此可见，舒适性既反映了人体生理和心理的要求，又直接影响到工效问题，要视具体的作业环境和作业内容确定舒适性的加权系数。获得 Q 值后，就能预测人、机、环境的最优参数，基于这些参数来确定最优方案。在进行系统方案可行性（或可实现性）研究之后，就能对系统最优方案进行决策。

从以上分析不难看出，只要从系统的总体角度出发，并根据人、机、环境三者的特性和相互关系，安排好人-机-环境系统的结构和布局，就能确保系统综合效能的实现。在研制生产阶段，系统分析是确定实现最优方案的最佳途径，并始终强调作为工作主体的人参与到系统中去，通过半物理模拟或全物理模拟，不断分析和检验人-机-环境系统的整体性能和局部性能，并协调各分系统之间的技术指标，使总体性能达到最佳状态，这可避免工程技术上的大量返工和经济上的巨大损失。在实际使用阶段，系统分析是通过实际使用的验证，提出充分发挥现有系统性的意见（如选拔操作人员的标准和训练操作人员的计划），并为改进该系统提出新的建议的过程。

综上所述，人-机-环境系统工程着重强调系统分析方法，使人们在设计和建立任何一个人-机-环境系统时，从经验走向科学、从定性走向定量、从不精确走向精确。这不仅可以避免工程技术上的大量返工和经济上的巨大损失，而且可以大大加速人-机环境系统的设计和研制进程。

系统分析的任务是实现人、机、环境三要素的最优组合。显然，对任何一个系统来说，系统的总体性能不仅取决于各组成要素的单独性能，更重要的是取决于各要素的关联形式，即信息的传递、加工和控制方式。人-机-环境系统工程的最大特色是它在认真研究人、机、环境三个要素本身性能的基础上，不单纯着眼于个别要素的优良与否，而是科学地利用这三个要素之间的有机联系，从而大大提高全系统的整体性能。因此，为了满足人-机-环境系统的总体性能，要对人、机、环境选择最优结构方案，并制定共同的性能准则，甚至要对标准进行研究；然后根据三者对整个系统性能的贡献程度，找出关键所在，并据此安排各项研究的轻重缓急，确保系统综合效能的实现。

第3章　现代航空装备维修人为因素

人为因素的研究始于20世纪初，日本人首先使用“人类工程学”这个词，到了20世纪40年代，人为因素发展为一门新学科，欧洲人称之为“工效学”，美国人称之为“人的因素学”，联合国一些刊物则多用“人类工程学”这个词。关于人为因素的定义也有差异，有的定义它为“凡是与人类有关的因素”，国际工效学会定义它为“研究各种工作环境中人的因素，研究人和机器与环境的相互作用，研究工作中、生活中、休假时怎样统一考虑工作效率、人的健康、安全和舒适等问题的学科”。虽然名称多样，定义不一，但是，人为因素的研究对象十分广泛，学科前沿越来越向人的因素方向发展，人素科学将会得到普遍应用。

人为因素具有多学科性。例如，从心理学的角度可理解人们处理信息做出决策的过程。从心理和生理学角度可以理解收集和传送周围信息的感知过程。从人体测量学和生物力学的角度可以优化驾驶舱和客舱控制器以及其他工作站的特征。为了理解人体生物规律和睡眠以及它们对夜航、时区变化的影响，还需要生物学及其日渐重要的分支生物钟学的知识。要正确分析、研究和归纳调查数据还离不开统计学。人为因素利用这些学术知识的主要目的是解决现实世界的实际问题。

3.1　人为因素的内涵

3.1.1　人为因素的含义

人为因素通常是指与人有关的任何因素。国际上对它的一个定义是Edwards教授提出的，即“人为因素是通过系统应用人为科学，在系统工程框架中优化人与其活动的关系”。人为因素包括生活和工作环境中的人；人与机器、程序和环境的关系；人与人之间的关系。Edwards教授对“活动”进一步解释为：活动是指人与人之间的通信交流以及个人行为与团队行为。“在系统工程中”的概念是指：人为因素专业人员应试图理解，当在相互影响的工程领域中工作的人们必须做出决策时，他们的目标、方法、困难和限制。人为科学研究人的机体和本性、人的能力和极限以及在单独工作与作为团队工作时的行为，这是人为因素主要关心的问题。

在《航空与航天工程师手册》中，人为因素被定义为“人类工程学（人为因素）是关于人类和一个系统的其他要素之间如何相互作用的一门科学学科，也是为了使人类身体感受和整个系统性能最佳化，如何应用设计理论原则、数据和方法的一门专业”。

另一个流行的定义相当简要，但抓住了人为因素的实质，即“人为因素的核心可以看成是为人类使用的设计过程”。

在过去，狭义的人为因素通常是指人类的物理特性，例如，身体的高矮、力气、灵活性以及看问题的敏锐性。广义的人为因素是指影响一个系统性能的人类属性和使用与维护该系统的人为能力。由于人类的某些特性，例如，对系统如何工作缺乏了解或理解，可能会导致使用系统不当或者排故和维修不当；人的健忘性甚至人的态度，都会影响系统的正常工作或影响人与系统的配合。

3.1.2 人为因素与系统的关系

不管怎样，与系统配合工作的那些人类属性（由于他们缺乏某种能力）都会影响系统的正常工作。设计人员可能不理解维修的必要性，培训人员也许不能够向其他人传授正确的知识，操作人员也可能会不正确地使用系统。在系统工程、系统界限、系统元件（要素）以及与这些系统、子系统和部件的相互作用有关的各种接口中，需要注意这样一个概念：人或维修人员，以及与系统打交道的其他人员，必须看作系统的要素。同样，在系统的设计阶段，必须考虑到这些要素和接口。

由于人类与系统的相互作用，在系统设计、研制和系统寿命期内的各运营阶段，必须考虑到维修人员。在设计和研制期间，在系统的各个等级上，必须了解或预计到人类的要求和相互作用。这不仅包括设备，而且还包括该设备的手册和培训大纲。在运作阶段，由外场反馈来的信息将会体现在维修程序以及制作程序、培训和设计工作的各个方面，指定系统进行改进，这些改进都是与用户或维修人员有关。在运作期间获得的与人类和系统相互作用有关的经验教训，是制造厂在研制新系统或改造现有系统时最好的借鉴。

传统上讲，系统工程师需要熟悉各种各样的工程学科，以便成功地完成其担负的任务。工程领域增加了人为因素这一课题，这就意味着又增加了一门学科，即人为因素工程，这不仅涉及对人类特性的理解，而且还涉及这些特性如何与整个系统的运作相关联。人为因素工程要求系统工程师理解人类对系统运作所能起的作用，不管必要的相互作用存在还是不存在，不管其响应是正确的还是不正确的。作为系统基本设计的一部分，系统工程师必须考虑人类对系统的各种影响。人类影响的存在就像电压和机械连杆的存在一样真实可靠，所以人类是系统的一个要素。只有当所有要素都运转正常，系统才会正常工作。

不管装备的结构、大小、运转或用途如何，它必须能由人来操纵和维修，也就是说人为因素工程所依据的各种因素是装备设计中要考虑的最重要的方面之一。系统工程的概念不仅适用于装备，也适用于操纵和维修装备的人，如图 3.1 所示。每一种装备系统都要用到人，因为装备系统总是为了人的某种目的而制造的，是为服务人的某种需要而存在的。人们决定何时以及如何使用机器，人们把机器需要的输入送进机器，并根据机器的输出决定他们的行动。只有在人们能够而且确实良好地操纵和维修的条件下，机器才能工作得很好。因此，系统工程的概念也必然能应用于人-机系统。

人-机系统就是人和机器相互影响以完成某一功能的系统。此种系统可能是一个很大的集群，如同由人和战斗车辆组成的陆军机动部队；也可能只有一个人和一台机器构成，诸如一名无线电兵和一部电台。因此，人为因素工程的定义是将与人的性能相关的数据和原理应用于零部件、装备和系统的规划、设计和研制中。基本的目标是改进和最大限度地提高人-机系统的性能和可靠性，特别是与人为因素有关的方面。这些问题涉及操纵的速度和准确性；工作的可靠性和维修性；尽量减少对操作人员训练和技能的要求；安全性以及在紧急情况下的操作能力。

飞机是一个人-机系统的典型范例，在此系统中，飞行员担任了操纵飞机的角色，时时干预着系统的工作。对于速度表和其他显示器的信号，对于飞机的姿态和外界环境输入的信息，对

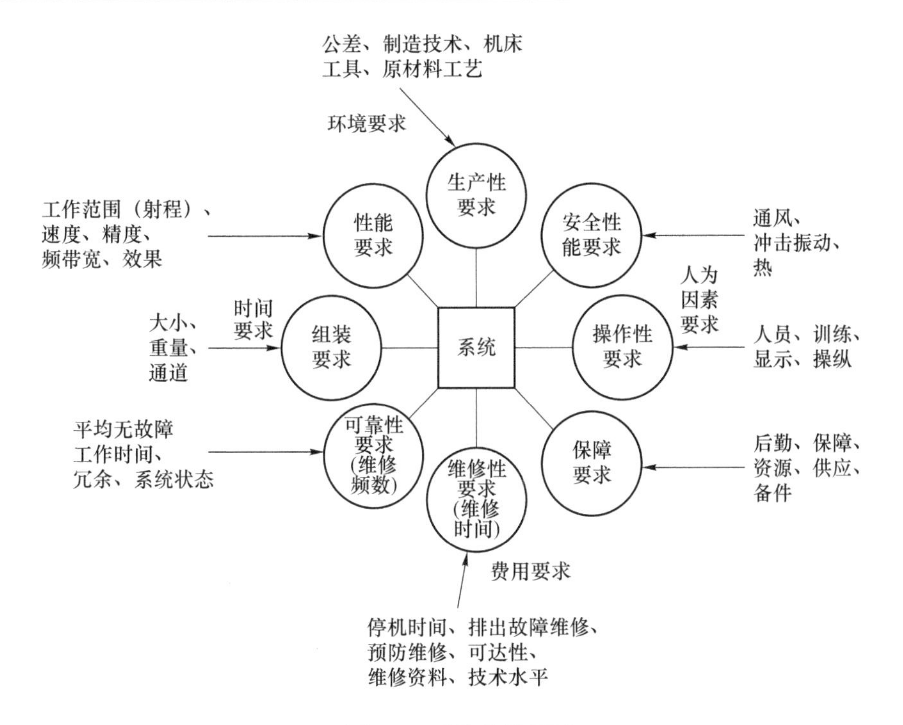

图 3.1　系统设计框图

于发动机的噪音，对于驾驶杆对人的肌肉的反馈以及其他刺激，驾驶员一一做出反应。完成一定的操纵动作。人的这些动作影响着飞机，而飞机又把一系列新的信息反馈给人。这类人-机相互作用可以看作一种闭环系统，因为它要求人-机之间不断地互相影响，如图 3.2 所示。

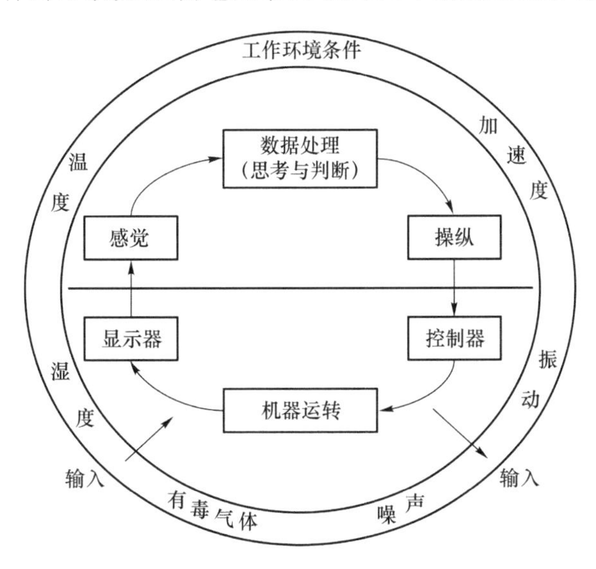

图 3.2　人-机系统框图

开环系统中人-机相互作用是间歇的而不是持续的，例如，有的通信系统中，讲话者得不到对方是否已收到信息的反馈信号，这可以认为是开环系统。

系统是由人设计制造的，不存在自我维修的系统，系统不能自行更换已失效的模件，这些工作都要由人来做。可以说一切装备系统都是人-机系统。不过，在实际情况下各种系统需要人操纵的程度却大不一样。如大城市中管理交通的色灯系统是不依赖于人的操纵而工作的，当各种色灯和控制机构一旦安装完毕，即可自动开关显示灯光。在这种系统中，人扮演的角色基本上就是设计师、施工人员和维修人员。

在制订系统的各种要求时，在研制硬件实现这些要求的工作中，以及在试验该系统满足飞行任务与环境条件的合格程度与适用性的过程中，人为因素是需要考虑的主要问题。在编写各种要求的说明书时，首先要考虑到该装备是必须由人来控制、操纵和维修的。该装备研制和试验的目标是要决定人-机结合在功能上是否匹配。

设计和研制一个系统的各种组成机器时，需要许多学科工程师的才能。当一名工程师单独负责动力要求，另一名工程师负责空气动力学性能时，必须委派一名工程师负责人为因素。缺少人为因素而导致的问题，通常要到该系统研制工作的后期才被发现。而且为解决此类问题而进行的重新设计将花费不相称的昂贵代价。如果不用重新设计硬件的办法来解决此类问题，也可能制定一个选择和训练人员的计划，使得经过长期训练以后的人员能够适应该系统，但是这样做往往会造成更大的浪费。因此，若要人-机系统以最佳的状态完成任务，就必须从人体的各个组成部分及其能力出发，并以此为中心进行设计。

设计师在设计装备时必须考虑到使用者(操作人员)在操纵(或维修)该装备时必须做些什么，把描述操作的工作留给人为因素专家去完成的情况实在太习以为常了。应促使设计师预先考虑他的设计会给使用者带来哪些困难，并且应该学会亲自来做这项工作。设计师和人为因素专家也要共同关心工程方面的问题，例如某项功能是应由操作人员来做，还是应该自动完成？这种问题是不能用简单的“是”或“否”来回答的。无论如何，要达成一个较好的决策需要考虑以下若干问题：

① 人的特性与能力；

② 人与其环境；

③ 人作为系统的组成部分；

④ 人-机之间的相互关系。

第1类包含人体测量数据(人体测量学)、人的感觉能力、心理机制、信息处理能力以及借助于学习的适应能力等。

第2类是环境对于人在思考、行为和完成一定任务方面的能力所施加的影响，包括自然界的、生理学的和心理学的环境条件的作用。

第3类是把人当作人-机系统的组成部分来对待。事实上，在人-机系统中人是传感器、数据处理器和控制器。

第4类是指设计师必须考虑那些一定要设计到系统硬件和软件部分中的要素和特性(例如显示器、控制器、传感器、测试点、操作与维修资料等)，它们将使人-机结合(人-机的相互关系)最优化。

当以此种方式来考虑人和机器时，要使机器的各部分设计得当，就必须充分考虑人的能力和限度以及他在系统中所担任的角色。要深入了解能够使人成为系统的组成部分的最佳方法时，研究人的能力是唯一的途径。

3.2 人的基本形态特征

在航空装备维修的过程中，必须考虑设备、工具、部件是否符合正常人体各部分的结构尺寸及关节运动所能达到的范围，以及肌肉力的大小、人体在不同姿势下进行维修活动所需的工作空间。例如臂长可及范围小于常人，身材条件或力量不符合工作需要，无法进入狭窄的空间等，就难以实现操作方便、高效和安全的目标。

3.2.1　人体的静态参数

人体尺寸因国家、地区、民族、性别、年龄和生活状况而不同。例如，我国和欧美等国家在人体尺寸上就存在很大差异。由于我们所使用的飞机、设备、技术有些是从外国引进的，对我们来讲，在原始设计上就存在许多不适应的地方，因此，在实际维修过程中，应加以充分考虑。

在全国性抽样测定中，将全国分为了 7 个区域，即东北区、华北区、西北区、东南区、华中区、华南区以及西南区。静态测量的方法已规范化、标准化，而动态测量难度则较大，其方法、技术和工具还处于发展之中。人体尺寸测量值有两种表示方法，一种是使用平均值和标准差的表示方法，另一种是使用百分位数值的表示方法。根据人-机适应性原则，人-机系统的操作是否方便、省力、舒适和安全主要取决于人体尺寸，如以人体身高为基准，根据设计对象高度与人体身高的比例关系，来推算工作面高度、设备和用具的高度等。

3.2.2　人体的动态参数

航空装备维修工作多数处于活动状态。因此，在研究人体静态参数的同时，更应注意的是以不同姿势工作时手和脚能活动的范围。人体动态参数的主要内容包括：

1. 肢体的活动范围

肢体的活动范围包括肢体活动的角度大小和肢体活动所能触及的距离范围。为避免疲劳和安全高效，一般要求各种操作装置位于人体躯干不活动时手、脚能触及的范围之内。

2. 肢体的出力范围

肢体的力量来自肌肉收缩。肌肉收缩时所产生的力量称为肌力，肌力的大小取决于生理因素。肌体所能发挥的力量范围是机械设备操纵系统的基础数据。肌体发挥操纵力的大小除了取决于人体肌肉的生理特征外，还与用力的时间长短、采取的姿势、着力部位、力的作用方向和用力方式有关。

例如，立姿时手臂向上拉的力量最大，向上推的力量也最大，弯臂时最大力量角度约为 70°，许多操纵机构置于人体的正前方就是这个道理。坐姿时手臂向上用力大于向下用力，向内用力大于向外用力。双臂的扭力与采取的姿势有关。

坐姿时足的蹬力与人体姿势、足的位置和方向有关。若坐姿有靠背支撑时可产生最大蹬力，一般坐姿时最大瞬间蹬力可达 2 570 N。

3. 人体动作的灵活性与准确性

人体动作灵活性是指人操作时的动作速度与频率。人体的生物力学特性决定了人体重量轻的部位较重的部位灵活，短的部位较长的部位灵活、肢体末端较主干灵活。一般来说，最短反应时间在 200 ms 以上。

人体动作的准确性可以从动作形式（方向和动作量）、速度和力量三个方面考虑。这三个方面配合恰当，动作才能与客观要求相符合，才能准确。

3.3 人的感知特征

在航空装备维修的各个环节中，人是最重要和最活跃的因素。人的五官和肢体是直接接触和感知外部事物的，也是人参与航空装备维修工作的主要器官。由于航空装备维修是一个十分复杂的过程，对维修人员的各方面要求都很严格，要深入研究航空装备维修过程中出现的人为差错，就必须首先对人的生理特征有一个充分的认识。如身体条件、健康状况、反应能力等是否适合所从事的职业，并根据其职业特点定期进行体检，使其满足所从事的工作对生理条件的要求。掌握人体生理的基本常识有助于理解人为因素所造成的差错，从而采取有效措施去避免差错的出现。

3.3.1 神经系统的特征

人体按不同功能分为呼吸、消化、循环、神经、骨骼、内分泌、泌尿和生殖 8 个系统。神经系统由中枢神经系统和周围神经系统组成，它是人体功能的主要调节机构。人的一切心理和意识活动也是通过神经系统的活动实现的，因此，神经系统也是心理现象的物质基础。

1. 人的神经组织

人的神经组织主要由神经元和神经胶质细胞组成。神经元也称神经细胞，它是神经系统的机构、功能和营养单位，具有感受体内外刺激、整合信息和传导信息的功能。神经胶质细胞分布在神经元周围，对神经元起支持、绝缘、营养和防御等作用。

2. 中枢神经系统

中枢神经系统是脊髓和脑。脊髓是中枢神经系统的最低级部位，有传导功能和反射功能；脑位于颅脑内，包括大脑、小脑和脑干三部分。

中枢神经系统中最高级的部位是大脑皮质，大脑皮质集中身体各个部位传递的信息，加以认识、记忆、判断并发出指示。它调节人体生理活动（运动和感觉）和大脑皮层的电活动（语言功能、条件反射、睡眠和觉醒），而小脑的主要功能是运动平衡，各个部分有其特殊的功能，彼此之间又是互相关联的。中枢神经系统统一支配人体全身的各个系统，主要表现在人和外界的关系及人的内部关系两个方面。

3. 周围神经系统

周围神经系统是由脑和脊髓发出，末梢分布于身体各器官和组织的神经系统。它包括脊神经、脑神经和植物性神经。周围神经系统的功能在于接受来自体内外的各种刺激并将其传导至中枢神经，再传递由中枢神经发出的指令并完成运动反应。

3.3.2 感觉和知觉的特征

1. 感觉的特征

感觉是人脑对直接作用于感觉器官的客观事物个别属性的反应。人的感觉有视觉、听觉、嗅觉、味觉、触觉、运动、平衡和内脏感觉 8 种。感觉具有单一性、局限性、适应性、关联性和相对性等共性。

① 单一性是指一种感觉器官只能接受一种刺激，识别一种特征。例如，耳朵只能接受声刺激，识别声音的强弱和音调的高低。

② 局限性是指刺激强度应在一定范围内。例如，眼睛只能接受波长在 380～780 nm 的辐射波。

③ 适应性是指感觉器官经过一段时间的连续刺激后，产生适应现象，敏感性降低。例如，眼睛的明暗适应。

④ 关联性是指各个感觉器官同时接受信息时，会产生相互影响。例如，听觉和视觉的相互影响。

⑤ 相对性是指各个感觉器官对变化信号的感觉不取决于变化的绝对量，而取决于变化的相对量。例如，人眼对亮度差别的感觉。

2. 知觉的特征

知觉是在感觉的基础上对客观事物所产生的高一级认识。它在很大程度上受到人的知识、经验、情绪和态度等因素的制约和影响。人们在认识客观事物的过程中，极少有孤立的感觉存在，客观事物总是以知觉的形式直接被反映。知觉的特征有知觉的整体性、知觉的理解性、知觉的恒常性和知觉的选择性。

① 知觉的整体性是指把知觉对象的各种属性、各个部分知觉作为一个统一的有机整体。

② 知觉的理解性是指根据已有的知识经验去理解当前的感知对象。

③ 知觉的恒常性是指当知觉的条件在一定范围内变化时，知觉的映像仍然保持相对不变。

④ 知觉的选择性是指人们总是按照某种需要或目的主动地、有意识地选择少数事物作为知觉的对象。

3.3.3　人的视觉

在人们认知世界的过程中，大约有 80％以上的信息是通过视觉系统获得的。因此，视觉系统是人与世界相联系的最主要的途径。

1. 视觉器官与视觉

眼是视觉器官，外界物体的光线射入眼中，聚焦后在视网膜上成像，光能在视网膜内转变成神经冲动，经视神经传至中枢，产生视觉。两眼同时向大脑传送信息，使人把视网膜上的二维图像在大脑中综合成三维空间的图像。另外，眼不仅有视觉，而且还有色觉，感光细胞中都含有感光色素，使人能分辨出物体的颜色。

2. 人的视觉特点和规律

人的视觉指标包括视力、视角、视野和视力范围。人的视觉特点有折光异常、近视、远视、散光、明暗视觉、明视觉、暗视常、彩色视觉、色弱、色盲、对比效应、视觉疲劳、亮度感觉差异、视觉分辨力、眩光效应、视觉惰性与闪烁感觉、视野局限和视错觉。

(1) 人的视觉指标

视力是指眼睛分辨物体细部的最大能力，即分辨两点间最小距离的能力，它以辨别最小视角的倒数为指标。视力随照度、背景亮度和物体与背景的对比度的递增而增大。视角是物体上两点光线射入瞳孔在光心(节点)处交叉所形成的夹角,正常人眼能分辨的最小视角为1′(1/60°)。视野是指当头部和眼球固定不动时所能看到的空间范围,人的正常视力范围比视野要小些,这是因为要求在视力范围内能迅速、清晰地看清目标的细节,所以视力范围是视野的一部分。

(2) 人的视觉特点

① 折光异常。它是指眼球形态或折射面发生异常,则平行光线不能聚焦于视网膜上。包括近视、远视和散光。

近视大多数是由于眼球的前后径过长或角膜的曲度增加,致使来自远物的平行光线聚焦在视网膜前面,故视远物模糊。远视一般是由于眼球前后径过短,偶尔亦有因角膜的曲度减少致使视像聚焦在视网膜之后,故视近物模糊。散光多数是因为角膜表面经线和纬线曲度不一致,亦有因晶状体曲度异常者,无法使视像聚焦在视网膜上,致使视像模糊而歪斜。

② 明暗视觉。它是指明暗条件下锥状细胞和杆状细胞的相互转换,使人对不同波长光的敏感程度有所变化。频繁地适应明暗会增加眼睛的疲劳,使视力迅速下降。

明视觉主要是由锥状细胞起作用,所以有彩色视觉。暗视觉主要是由杆状细胞起作用,人眼难以分辨光谱中的各种颜色,整个光谱带只反映为明暗不同的灰色条纹。

③ 彩色视觉。它是指人眼的一种明视觉功能,产生于视网膜上三种类型的锥状细胞,各种颜色对眼睛的刺激不一样,因此视野也不同。彩色的三要素是明度、色调和彩度。

色弱是指辨色能力低,多发生于后天,与健康状况有关,表现为辨别红、绿、蓝的能力低。色盲是指缺乏色觉,其中,全色盲很少见,只能分辨明暗。部分色盲多为红绿色盲或蓝色盲。

④ 对比效应。不同条件下色感会有所不同,主要包括近旁适应性、彩色饱和度效应、色调对比效应、面积对比效应和同化效应。

近旁适应性是指同时观看黑色背景下的灰点和白色背景下的灰点,前者灰点更亮一点。彩色饱和度效应是指暗背景中的彩色亮度比。色调对比效应是指不同颜色混杂感觉会有所不同。面积对比效应是指面积不同的彩色样品也会引起色感不同。同化效应是指被包围彩色的主观效果有向周围彩色偏移。

⑤ 视觉疲劳和眩光效应。视觉疲劳是指视觉细胞的视敏度下降而形成正残像、负残像(暗影),明暗变化和长期注视会造成视觉疲倦和色觉疲倦。眩光效应是指当物体表面亮度过大发出刺眼光线时,人的瞳孔会缩小,使人眼对物体观察模糊,如强光下视像模糊。

⑥ 亮度感觉差异。人眼能够察觉亮度变化的能力是有限的,亮度感觉差异主要取决于相对亮度的变化。

⑦ 视觉分辨力。它是最小视角的倒数,受照度、对比度、动感、颜色影响。

照度过低或过高都会降低分辨力;对比度降低时,分辨力也下降;观察运动的物体的分辨率很低;不同的颜色分辨力也不同。

⑧ 视觉惰性与闪烁感觉。当一定强度的光突然作用于视网膜时,不能在瞬间形成稳定的主观亮度感觉,而有一个短暂的过渡过程。随着作用时间的增长,主观亮度达到最大值后又降低到正常值。在某一瞬间亮度的感觉比实际正常情况下的亮度感觉要大得多。例如视觉不能瞬间形成或消失,指示性灯光常利用适当的短暂光刺激以达到更加醒目的目的。

⑨ 视野局限。头部不动,眼球不动,所能观察的空间范围称为视野,例如水平和垂直视野。另外,由于各种颜色对人眼的刺激有所不同,所以色觉视野还受背景颜色的影响。

⑩ 视错觉。观察物体形状所得的印象与实际形状有差异，由人的心理现象所决定。例如方位错觉、对比错觉、长度错觉和大小错觉。

(3) 人的视觉的运动规律

人眼的水平运动比垂直运动快，视线习惯于从左到右和从上到下看，圆形的物体习惯沿顺时针方向看，眼睛朝上下方向运动比按照水平方向运动容易疲劳；对水平方向尺寸和比例的估计要比对垂直方向的尺寸和比例的估计准确得多。当眼睛偏离视中心时，在偏离相同的情况下，人眼对4个象限的优先观察率依次为：左上、右上、左下、右下。相比曲线轮廓，两眼观察直线轮廓的运动更加协调一致。

3. 眼睛保护

眼睛作为人的视觉器官，是人获取外界信息的重要来源。在航空装备维修工作过程中，对眼睛的保护是十分重要的。根据国家有关规定，在从事某些特定作业时，应对眼睛采取必要的保护措施，例如在某些区域或机器上工作时应使用眼睛保护装备；焊接工作时要求配戴护目镜、头盔和面罩。

3.3.4 人的听觉

听觉是仅次于视觉的重要感知途径，其独特的感知方式可弥补视觉通道的不足。人耳一般只能听到20～20 000 Hz的声音。

1. 听觉过程

耳是人的听觉器官，包括外耳、内耳和中耳。在正常情况下，人耳的听觉过程有以下3个阶段：

① 将空气中的声波转变为机械振动；

② 将机械振动转变为液体振动；

③ 将液体振动转变为神经冲动。冲动沿着脑神经传至中枢神经系统，在大脑皮质听觉区引起听觉。

2. 听觉特点

① 接受信息的无方向性。例如听觉可以接受来自任何方向的声信号。

② 具有强度辨别阈限。例如在良好环境中，听觉器官能察觉的最小声音强度变化约为0.5 dB。

③ 听觉的频率辨别符合指数规律。例如频率越高，频率的变化越不容易辨别。

④ 具有方向辨别能力。例如听觉器官可以通过声音传到两耳中的时间差辨别声音的方位。

⑤ 可以感知声源的距离。例如听觉器官可以通过声强的变化判断声源的距离。

⑥ 听觉的掩蔽效应。例如当有两个声音同时出现时，听觉选择声强度大的一个；当两声音的响度相等而频率不相同时，听觉容易选择低频声。

3. 听力保护

长期工作在诸如喷气发动机产生的高噪声环境中，不但会损伤人的听力，而且会对工作效率和质量等产生不良影响。需要戴什么样的保护设备取决于噪声的种类、音量和在噪声环境中工作的时间,各维修单位应确保为所有的员工提供足够的听力保护设备。

① 当发动机进行高功率、部分功率、起飞功率运转时,维修人员应按距离规定使用相应的听力保护装置。

② 当发动机在低功率下操作,如在低功率试车、滑行等,维修人员应按距离规定使用相应的听力保护装置。

③ 当暴露在诸如铆钉、气动液压泵等高工业噪声环境下,应使用耳罩。

3.4 人的疲劳特征

疲劳是一种人体的生理状态。在航空装备维修过程中,维修人员产生工作机能衰退,工作能力下降,有时并伴有疲倦感等主观症状的现象,称为作业疲劳。过度的作业疲劳使作业能力下降、劳动质量降低、大脑与动作迟钝、反应能力降低,因而事故发生率增加,甚至造成人身与财产损失。作业疲劳是一系列复杂现象的综合体,既有人的生理和心理因素,又有环境、设备、技术和社会因素的影响。通过对近年来航空装备维修过程中出现的人为差错调查分析,可以发现疲劳已成为导致差错的不可忽视的原因之一。从根本上讲,疲劳可以说是管理上的人为差错所造成的,人们常说“管理差错是最危险的差错”也就是这个道理。

3.4.1 疲劳的分类

疲劳通常可以分为肌肉疲劳、精神疲劳和生理疲劳三种主要类型。

1. 肌肉疲劳

肌肉疲劳分为个别器官疲劳和全身性疲劳。前者常发生在仅需个别器官或肢体参与的紧张作业中,如肩周痛、眼疲劳等。后者主要是全身参与较为繁重的体力劳动所致,如关节痛,困乏等。

2. 精神疲劳

精神疲劳包括智力疲劳、技术性疲劳和心理疲劳。智力疲劳主要是长期从事紧张的脑力劳动引起的头昏脑涨、失眠等,常与心理因素有关。技术性疲劳常见于体力脑力并用的劳动和神经相当紧张的作业中,如维修飞机等。心理疲劳常见于内容单调的作业中,例如监视仪表的人员。

3. 生理疲劳

生理疲劳(也叫周期性疲劳)往往受社会因素和心理因素的影响,可以通过生理学的理论知识来解释。

3.4.2 疲劳的原因

造成疲劳的主要因素有以下几种:

① 超生理负荷的激烈动作和持久的体力或脑力劳动。劳动强度越大,劳动时间越长,人

的疲劳越重。

② 工作单调。单调乏味的工作会使人产生不愉快和厌烦的情绪。

③ 环境不良。不良的环境条件不能满足人的生理和心理需要,会增加作业人员的劳动强度。

④ 疲劳感。不合适的照明条件、温度、湿度、噪声和粉尘都会增加人的精神与肉体负担,增加疲劳感。

⑤ 作业速度。作业速度越高,越易导致疲劳。合理的作业速度可以延长非疲劳的工作时间。

⑥ 作业态度。维修人员的工作态度、工作动机对心理疲劳有明显的影响。热情高、兴趣大的维修工作,主观疲劳的感受就小。强化工作动机,提高工作兴趣,可以减少疲劳感。

⑦ 作业时机。在什么时间作业,对疲劳的产生有明显的影响。夜间作业就比白天作业容易疲劳。

⑧ 精神因素。精神因素指强烈的刺激、焦虑情绪、烦恼、工作责任感、人与人之间以及家庭不和等因素导致的精神不振。

⑨ 身体状况不好。这里指的是疾病、疼痛、营养不良、睡眠不足、个人体质欠佳等。

⑩ 人机工程设计不合理。这里指的是劳动姿势与体位选择不合理;维修设备与工具设计不合理;未能减轻劳动强度和紧张情绪;人-机界面设计不合理,不符合人的感觉和心理特点;未按生物动力学的原则合理使用体力;工作空间过小等。

总的来说,疲劳和缺乏睡眠是航空装备维修中最不容易察觉的潜在威胁。疲劳与恶劣气象条件、性能不好的设备完全不同,疲劳对维修安全的危害常常是出乎预料的。令人遗憾的是,很多维修人员在已经辛苦工作了很长时间和没有得到充足休息的情况下仍然执行着维修任务。

有时,维修人员认为,仅仅感到疲劳而没有大病不能成为不工作的理由。维修人员经常倾向于完全依靠意志力,而忽视了疲劳状态是影响安全的真正大敌。即使在没有外界压力的情况下,来自维修人员本身的压力也会使维修人员在需要休息的情况下坚持到最长时限或超过工作时间限制。

一次严重的疲劳需要较长一段时间的睡眠和放松才能完全恢复,多次严重疲劳会导致维修人员的心理和身体的不适。

由于疲劳是在某些情况下不知不觉加剧的,而且根本不可避免,因此,了解疲劳的原因和症状对识别疲劳的早期征兆至关重要。疲劳的早期征兆可以及时提醒你需要好好休息,以便使你的脑力和体力恢复到最佳状态。如果不能马上休息,知道一些短期抗疲劳的措施也是有益的,这些抗疲劳措施有助于弥补睡眠和休息的不足。

虽然严重疲劳是由缺乏睡眠等原因造成的,但来自体力和脑力方面的压力和紧张也能造成疲劳。体力疲劳比脑力疲劳更容易识别,因为体力疲劳和完成的工作量有明显关系,而且身体疲劳是可以感觉到的。脑力疲劳则很难形成统一的标准,因为脑力疲劳往往是由难以捉摸的多种原因造成的。身体疲劳也是睡眠不足、经常改变工作和休息时间、营养不良、缺氧以及在高温、噪声和高振动环境中工作的产物。

脑力疲劳是由延长脑力劳动时间或在压力大和高度紧张环境中工作造成的。当维修人员从事非体力、重复、令人厌烦或单调无聊的工作时,脑力疲劳确实是个大问题。在相当复杂的工作中,长时间重复动作也能造成脑力疲劳,特别是当工作困难,几乎没有休息时,更容易造成脑力疲劳。家庭问题、经济问题、工作条件差和其他许多日常生活问题造成的压力也能加重脑力疲劳。

超负荷工作和工作负荷不足也能造成在工作岗位上疲劳。一般来说，工作中期和快交班时疲劳倾向比其他时间严重。例如，在一天 10 小时工作中，最后 2 小时是事故的高峰期，显然这是因为疲劳使警觉性严重下降，从而使事故率增加。这是一个严重的问题，它不但能造成漏掉重要指令的后果，而且更容易犯错误并引起思维迟钝和操作缓慢。

缺乏睡眠是造成疲劳的重要原因之一。像饥饿和口渴一样，睡眠是一种生理需要，因此睡眠永远是不可避免的现象。连续不睡眠的时间只要超过 20 小时，睡眠的倾向就会变得几乎不可抗拒。特别是在夜间从事常规脑力工作时，更容易睡着。

3.4.3 疲劳的机理

主要从疲劳物质累积机理、力源耗竭机理、中枢变化机理、生化变化机理和局部血流阻断机理等五个方面来考虑。

1. 疲劳物质累积机理

短时间大强度体力劳动所引起的局部肌肉疲劳是由于乳酸在肌肉和血液中大量积累造成的。

2. 力源耗竭机理

较长时间的轻度或中等程度劳动引起的疲劳是由于肌糖原储备耗竭造成的，包括局部肌肉疲劳和全身性疲劳。

3. 中枢变化机理

强烈或单调的劳动刺激会迅速消耗大脑皮层细胞贮存的能源，这种消耗会引起恢复过程的加强。当消耗占优势时，会出现保护性抑制，以避免神经细胞进一步耗损并加速其恢复过程。

4. 生化变化机理

全身性体力疲劳是由于作业及其环境所引起的体内平衡状态紊乱所致，引起这种平衡紊乱的原因除局部肌肉疲劳外，还有许多其他原因，如血糖水平下降、肝糖原耗竭、体液丧失（脱水）、电解质丧失和体温升高等。

5. 局部血流阻断机理

静态作业引起的局部疲劳是由于局部血液流动受阻引起的。因为肌肉收缩时，会变得非常坚硬，导致部分或完全地阻断血流通过收缩的肌肉。

从某种意义上来说，每一位维修人员都存在疲劳问题。他们的疲劳有的是因为没有固定的作息时间，有时是超时工作或其他多种因素造成的。疲劳的症状比较容易识别，而且发现别人的疲劳症状比发现自己的疲劳症状更容易，因为人们往往不容易准确判断自己的精神状态。受疲劳全面影响的维修人员会变得粗心大意、易伤感和精力不集中。疲劳人员维护飞机的动作懒惰和不正规，而且他们的动作有保存体力的迹象。为了保持体力，疲劳人员应该尽可能少活动，安静地坐一会儿，双眼凝视天空，或在失去控制的情况下无意识地睡一会儿。

长期缺乏睡眠造成的疲劳比其他疲劳影响更严重。缺乏睡眠的人会变得不知所措和迷失方位，而且可能会毫无理由地发怒。另外，长时间缺乏睡眠很可能出现视幻觉，视幻觉常常会和凌晨最容易出现的心理素质严重降低及操作能力降低结合在一起。长时间不睡眠后，几乎每个人都会表现出工作能力严重下降或完全失去工作能力。

3.4.4　疲劳的规律

1. 疲劳可以恢复

青年人比老年人恢复得快，体力上的疲劳比精神上的疲劳恢复得快，心理上造成的疲劳常与心理状态同步存在，同步消失。

2. 疲劳有一定的累积效应

未完全恢复的疲劳可一定程度上延续到次日，重度疲劳延续的时间更长。

3. 人对疲劳有一定的适应能力

人如果连续工作反而没有疲劳感。

4. 生理周期的影响

在生理周期中(如生物节律低潮期)发生疲劳的自我感觉较重，而在生物节律高潮期较轻。

5. 环境因素的影响

某些环境因素影响疲劳的程度可以加重或减轻。如噪声可加重疲劳，优美的音乐可以舒张血管，因而能够松弛紧张的情绪并减轻疲劳。

3.4.5　疲劳的测试

1. 闪光融合值测定

这是一种利用视觉对光源闪变频率的辨别程度来判断机体疲劳的方法。

2. 能量代谢率测定

不同的劳动负荷具有不同的劳动代谢率和心率，不同的劳动代谢率对应的连续劳动时间各不相同，某人群对应不同的劳动时间具有一定的生理负荷极限。

3. 心率测定

心率和劳动强度密切相关，疲劳越重，心率恢复得越慢，其恢复时间的长短可作为疲劳程度的标志和人体素质鉴定的依据。

4. 触觉两点阈值测定

采用两个近距离的针状物，根据两点刺激敏感阈限的变化来判别疲劳程度。

5. 判断力测定

用很多种方法重复多次测定，疲劳的人将出现差错，疲劳越重，差错出现越早、越多。此法可以较好地测定精神上的疲劳。

6. 自觉症状测定

利用自觉症状检查卡测定，如表 3.1 所列。

表 3.1　自觉症状检查卡

序号	项目	序号	项目	序号	项目
1	头沉	11	思维不集中	21	头痛
2	全身无力	12	讨厌说话	22	肩膀发板
3	腿发酸	13	焦躁	23	腰痛
4	打哈欠	14	心不在焉	24	呼吸困难
5	头昏	15	对事物不热心	25	口干
6	困倦	16	眼前的事想不出来	26	声音嘶哑
7	眼睛疲劳	17	干事老出错	27	眼发花
8	动作不灵活	18	对事物放心不下	28	眼跳，肌肉抽搐
9	脚没跟	19	不准当	29	手脚颤抖
10	想躺着	20	没长进	30	心绪不好

3.4.6　疲劳的预防

对疲劳进行有效预防主要从提高作业的机械化和自动化水平、选择正确的作业姿势和体位、加强科学管理和改进工作制度、合理设计作业空间与环境、合理调整作业内容和作业速率、加强人员技术素质培训等方面进行。

对付疲劳最好的方法首先是防止出现疲劳现象，而防止出现疲劳的主要方法就是保持充足的睡眠和休息。每次开始任务之前要保证充足的睡眠和休息，许多人甚至在有条件的情况下也睡眠不足，另外有些人则因为要完成更多的工作或参加更多的社会活动而睡眠不足。

研究表明，要想保持警觉、感觉和操作能力处于良好状态，每天需要的睡眠时间大约是 7～9 小时，虽然有些人每天需要的睡眠时间少于 7 小时，但这只是个别现象。根据别人的经验和集体的平均睡眠时间来衡量自己需要的睡眠时间是困难的。估算自己需要睡多长时间的最好方法是睡眠不同时间之后，看自己有什么感觉。如果睡眠 6 小时之后第二天早晨仍感到睡眠不足，下一夜就要设法多睡些时间。千万不要让别人需要的睡眠时间影响和决定你睡多长时间。有些人可能夜间需要睡眠 9～10 小时，第二天才会感到有精神，但他们会因睡眠时间过长而醒来后感到懒散。另外一些人把夜间睡眠时间限制在 4～5 小时，但他们会因缺乏睡眠而在工作时感到劳累和容易急躁。

要想获得良好的睡眠，首先要有充足的睡眠时间，并养成和保持良好的睡眠习惯。因工作需要而没有足够的睡眠时间或因焦虑不安而失眠的情况都可以导致睡眠不足。

用服安眠药的方法治疗失眠会对身体产生不好的影响，这种做法本身从许多方面来说都是错误的。用安眠药促进睡眠的最大一个问题是连续服用安眠药后，不服用安眠药就会感到睡眠困难。这是因为绝大多数安眠药都有回弹作用，也就是不服用安眠药的第一夜和第二夜睡眠会被打乱。因此，连续几夜靠服用安眠药睡眠的人就很难离开安眠药，因为即使在有良好睡眠环境和很累的情况下，不服用安眠药时他们的睡眠也会被打乱。如果不再服用安眠药，安眠药的这种回弹作用会很快（一夜或两夜之后）消失。连续几天不服用安眠药后，良好的睡眠习惯会使你睡得很好。

当睡眠时间到来时，良好的行为可以促使你很快入睡。每一天都应该选择固定的就寝时间和起床时间，因为经常改变就寝时间和起床时间会打乱睡眠规律，从而身体无法建立正常的睡眠规律。

许多人常犯的错误就是在关灯就寝之后，仍然考虑工作和家庭问题，由此导致焦虑不安，妨碍和打乱了他们的睡眠。

另外一种促进睡眠的方法是避免长时间躺在床上不能入睡。如果在床上躺了大约 30 分钟之后还不能入睡，就要用凝视闹钟的方法帮助你入睡。凝视闹钟可以阻止人心焦虑不安，促使你入睡。有时越想尽快入睡，反而更睡不着。

失眠时起床待一会儿可以打断睡不着觉的焦虑不安与就寝之间的联系。如果你在 30 分钟之内还不能入睡，那就再次起床待一会。最终疲劳向你袭来时，你就会入睡。睡不着觉的焦虑不安与就寝之间的联系被多次打断之后，身体会变得适应就寝时间。

就寝前几小时的许多不良行为会导致睡眠不好，应该避免这些不良行为。例如，为避免失眠和睡眠不好，在就寝前 4～6 小时内不要喝咖啡、茶、可乐或巧克力饮料。

喝含酒精的饮料也会影响睡眠质量。虽然酒精会帮助你更快入睡，但睡眠 1～2 个小时之后，睡眠常会被打断或睡不安宁，因此，酒精作用会造成更严重的睡眠不足。就寝前 1 小时还应该避免大运动量的体育运动，因为体育运动具有暂时的提神作用。就寝前适当的运动有助于促进良好睡眠，但决不要做过量的运动。

如果你夜间入睡困难，白天就不要小睡，因为白天的小睡可能会推迟正常睡眠期的入睡。

在有正常睡眠时间的条件下，小睡虽然能造成入睡困难或睡眠不好，但在另一种场合，小睡可以保持良好的操作能力和提高警觉性。有时，由于工作安排而没有稳定睡眠时间或不可避免地造成睡眠不足，小睡可以用来提高长时间工作中的警觉性。为了获得最好的小睡效果，要设法找一个安静而舒适的地方小睡，如果是夜间小睡，那么入睡就不会有困难，但白天小睡可能会因为身体不适应白天睡眠而入睡困难。

正确选择小睡时间对入睡能力和小睡效果都非常重要。在凌晨 3 点左右和下午 1 点左右的自然生理周期低谷期及下午 3 点左右的生理循环最缓慢期小睡，入睡最快。

人在生理周期低谷期小睡时很难很快清醒过来，醒后一般要过几分钟才能摆脱懒惰感，这叫作睡眠惰性。正因为有睡眠惰性的影响，所以应该在工作前 1 小时从生理周期低谷期的小睡中醒来，以便使睡眠惰性完全消失。

小睡可以减轻严重缺乏睡眠带来的许多不利影响，但在执行任务时，最好能在严重缺乏睡眠到来之前就开始小睡。长时期缺乏睡眠的小睡，醒来后会产生严重的睡眠惰性。缺乏睡眠时期越长，小睡后的睡眠惰性越严重。

严重缺乏睡眠之后，小睡虽然比不睡而继续工作好，但小睡后一定要在睡眠惰性完全消失之后才能重新开始工作。

一旦持续工作完成之后，最受欢迎的是恢复性睡眠。但如果你已经持续工作了很长一段时间(24～48小时),恢复性睡眠时间不应该过长(10小时以内),因为在白天长时间睡眠会产生懒惰感和软弱无力感,而且还会影响恢复到正常睡眠时间的能力。8小时的恢复性睡眠完全可以使你从持续24小时缺乏睡眠中复原。

人类无法通过训练或经验克服疲劳和睡眠不足的影响。让维修人员自己确定自己是否太疲劳,是否能圆满完成工作任务的做法是不明智的。研究和制定出良好的休息规则,以便用强制的手段确保每一个维护人员都有机会得到充分的睡眠和休息。

然而在疲劳不可避免的情况下,下列方法可以使维护人员暂时保持警觉和良好的工作能力:

① 当长时间工作时,为了避免打瞌睡,活动身体是保持头脑清醒的一种好方法;适当变换工作种类可以不断形成新的刺激,减小疲劳。在驾驶舱、机库等工作环境中,要尽可能多做伸展活动或常走动。

② 令人厌烦或单调乏味的工作(特别在不适当的时间从事这类工作)是造成工作打瞌睡的主要原因。要尽可能把各个维修人员的工作分开,这样各个维修人员就可以轮流负责某项工作;突出工作的目的性,使维修人员看到工作效果。

③ 工作环境既可以使人提高警觉性,也可以使人增加困倦感。要牢记,没有人干扰的温暖而安静的环境很容易使人犯困。另外,在稳定的低噪声和小振动环境中工作,非常容易产生困倦感。为了克服工作环境造成的困倦问题,驾驶舱和机库的工作环境应该保持比正常温度低一些,而且要保持空气畅通。

3.4.7 休息制度

一般来讲,休息制度包括工作间休息、轮班休息和休息日休息。

1. 工作间休息

工作间休息主要是为了消除生理和心理疲劳。工作间休息的时间长短、次数和时刻,应视劳动强度、性质、作业的紧张程度、作业环境和作业的单调性来决定。

2. 轮班休息

维修人员在夜班工作的生理机能水平只有白班工作时的70%,主要表现为体温、血压、脉搏降低;血液中的盐分增加;感受性、反应机能降低。原因在于夜班工作破坏了维修人员的生物节律和夜班维修人员在白天得不到充分休息。

3. 休息日

通过膝腱反射机能方法对维修人员的疲劳积累情况的调查表明:人的反射技能恢复的能力逐天下降,连续工作几日后休息一、两天有助于解除疲劳。

3.4.8 疲劳与安全的关系

疲劳对安全的威胁是显而易见的。既然疲劳意味着劳动者生理、心理机能的下降,而保证安全减少差错又需要劳动者保持一定体力和良好的精神状态,那么疲劳也就成了对安全最大的威胁。事实上,根据对航空事故的分析不难发现,事故在很大程度上是由疲劳引起的,疲劳是造成航空事故的主要原因之一。

3.5　人的生理特征信息处理

信息是维修人员进行工作时所需的书面的数据。维修工作有大量的信息需要编制、传递、消化吸收、使用和记录，以确保航空装备的安全。例如工作卡片、维修程序手册、勤务公告、工程指令、维修提示、图示零件目录、由制造者提供的信息源和内部信息源。其中，工作卡片、维修程序手册是最常用、最重要的工作依据，它提供严密的工作程序、操作规范和技术标准，必须严格遵守。

3.5.1　人的信息处理过程

人的信息处理过程可以简单地表示为输入—处理—输出。

① 输入。指人的感官接受外界刺激或信息的过程。

② 处理。指大脑把输入的刺激或信息进行选择、记忆、比较和判断，并做出决策的过程。

统计结果表明，在生产过程中，新工人往往由于缺乏经验出现差错；老工人往往是由于信息处理过程中对信息的压缩处理而产生差错。

值得注意的是，人的视、听、嗅、触觉器官可以同时从外界接受大量信息。据研究，在工业生产过程中操作者每秒可接受的视觉信息高达 3×10^6 比特、听觉信息高达 3×10^4 比特。感觉器官将接受的信息以每秒 10^9 比特的速度向大脑中枢神经传递，如图 3.3 所示。但是，作为信息处理中心的大脑信息处理能力却非常低，每秒最大处理能力仅 100 比特左右。感觉器官接受的信息量大而大脑处理信息能力低，在大脑中枢处理之前要对感官接受的信息进行预处理，即对接受的信息进行选择。在信息处理过程中，人通过关注点来选择输入，人一次只能关注一件事情。人们把关注点与有限的短期记忆能力、决策能力结合起来，以选择在每一瞬间应处理哪种信息。

③ 输出。指人通过运动器官或发音器官把决策付诸实现的过程。例如，根据手、足等效应器官在操作运动过程中的完成情况，操作运动可分为定位运动、重复运动、连续运动、逐次运动和静态调整运动五类。

需要说明的是，反应时间是指从刺激呈现到人做出反应之间的时间间隔，即从感官接受信息到发生反应的各信息加工阶段所耗费的时间总和。可分为简单反应时间和选择反应时间，主要包括：

① 感受器将刺激转化为神经冲动的时间为 1～38 ms。

② 传入神经将冲动传导至大脑神经中枢的时间为 1～100 ms。

③ 神经中枢进行信息加工的时间为 70～300 ms。

④ 传出神经将冲动传导至肌肉的时间为 10～20 ms。

⑤ 肌肉潜伏期和激发肌肉收缩的时间为 30～70 ms。

上述各段时间的总和为 113～528 ms 即为反应时间。显然，神经中枢的加工过程所耗费的时间是反应时间的主要组成部分。影响反应时间长短的因素包括感觉通道、刺激的复杂程度以及生理和心理状态。

3.5.2　人的记忆力

记忆是信息的贮存，是指至少一次或反复多次能够回想起某种思维的能力。就人类中枢

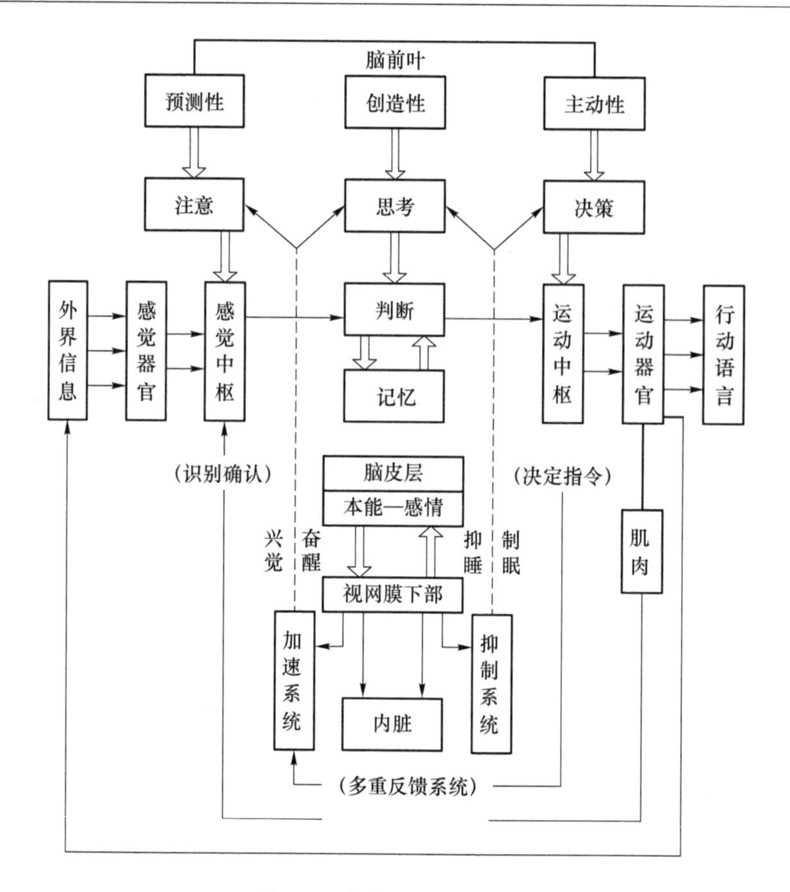

图 3.3 人的信息处理过程

神经系统而言,思维、意识、记忆和学习密切相关。记忆可分为以下类型:

1. 感觉性记忆

感觉性记忆是指在实际感觉体验以后,在脑的感觉区保留很短时间的感觉信号,通常只有几百毫秒,但常在不到一秒的时间内感觉信号就被新的信号所取代。虽然即时性感觉信号在脑内保留的时间极短,但是它还可以被用于进一步的分析,以筛出重要的信息,这就是记忆的初级阶段。

2. 短期记忆

短期记忆(第一级记忆)是指对少量信息每次能持续几秒钟到一分钟或更长一些时间的记忆。短期记忆的一个重要特征是在此种记忆贮存中的信息是属于即时应用性的,不需要像搜索长期记忆贮存中的信息那样去动脑筋搜索它。

3. 长期记忆

长期记忆(固定记忆、持久记忆)是指那些好久以后能够回忆起来存在脑里的信息,有的信息可以终生不忘。通常分为第二级记忆(近期记忆)和第三级记忆两种类型,如图 3-4 所示。

上述几个阶段是连续的,在一定条件下,可由感觉性记忆过渡到长期记忆。记忆是信息的贮存过程,它主要是大脑皮质的生理过程。信息的贮存是突触的机能,每当特定的感觉信号通过突触系列，各个突触此后对同样信号的传递可变得更熟练，这个过程称为容易化。当感觉信号多次通过一突触系列后，有时甚至该感觉传入还未引起兴奋，来自脑其他部分的信号也可完成通过该突触系列的冲动过程，虽然实际上这只是感觉性记忆，却使人经验地感知到原来的感觉。

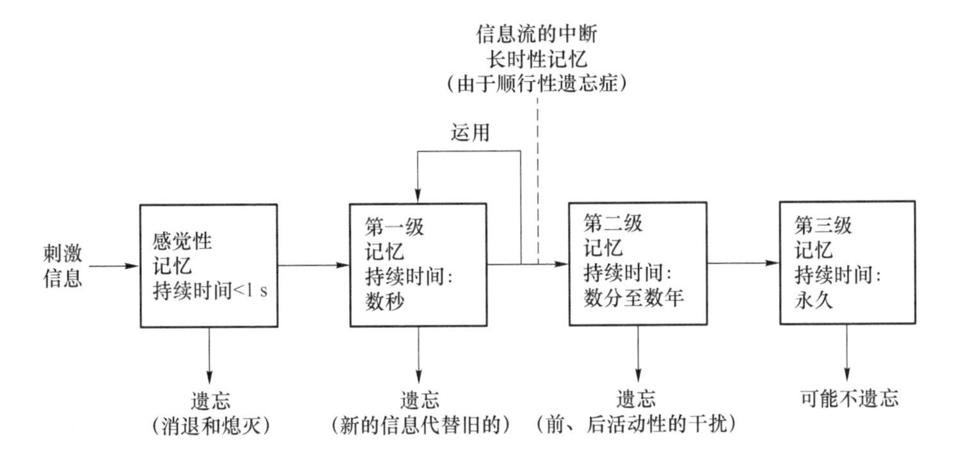

图 3.4　人的记忆力

4. 遗　忘

遗忘是指随着时间的推移和后来经验的影响，识记的保持量减少，致使不能再认或回忆识记过的信息，或者发生错误的再认或回忆。它既具有积极意义，也有消极作用，影响因素也是多方面的，克服遗忘最好的办法是复习。

3.5.3　人为差错倾向

人的某些特征决定了人在信息处理过程中具有发生差错的倾向。其主要表现是感觉器官接受的信息量大，而大脑处理信息能力低，在信息处理过程中出现“卡脖”现象。为了适应中枢的低处理能力，在大脑处理信息之前，要对感官接受的信息进行预处理，即对接受的信息进行选择，使进入大脑的信息量被压缩到每秒 100 比特以内。

为了解决大脑在信息处理时的“卡脖”问题，在预处理阶段要对接收的信息进行取舍、压缩及变形等处理，这就决定了人在信息处理过程中会出现以下倾向：

1. 简单化

人具有图省力、把事物简单化的倾向。如在工作中把自认为与当前操作无关的步骤舍去，如拆下安全防护装置等。

2. 依赖性

人具有依赖性，喜欢依赖他人，如依赖上下级和同事，或依赖他物，如规程、说明书和自动控制装置等。

3. 选择性

快速对输入信息进行扫描和选择，按信息的轻重缓急排队处理和记忆，这使得人们的注意力过分集中于某些特定的东西(操作、规程和显示装置)而忽视其他。

4. 经验与熟练

人对于某项操作达到熟练以后,可以不经大脑处理而下意识地直接行动。虽然这样有利于熟练、高效地工作,但是在一些情况下,这种条件反射式的行为并不是完全正确的。

5. 简单推断

当眼前的事物与记忆中过去的经验相符合时,就认为事物将按经验那样发展下去,对其余的可能性不加考虑而排斥。

6. 粗枝大叶、走马观花

随着对输入信息扫描范围和速度的增加,忽略细节,舍弃定量,而收集一些定性的信息。

为了克服上述倾向,在工艺及操作、设备等设计中要采取恰当的技术措施。星河科技主席技术执行官彼尔·约翰森博士对航空维修人为安装差错的案例进行统计分析,其中信息的影响约占64%,其具体分布如表3.2所列。

表3.2 航空维修人为安装差错统计

项目	不理解信息	无法获得信息	不正确的信息	太多信息/矛盾	更新复杂	不正确安装	未利用信息	其他
比例/%	18	7	7	5	0	0	28	3

3.6 引入失败理论,总结经验教训

由于现有知识的局限,人们挑战未知领域时经常会遇到挫折,但认真加以总结,失败就会成为通往胜利的里程碑。如果汲取教训,可避免重犯错误,活用失败知识,模拟体验失败,可使人少走弯路。

人不可能不犯错误,但在错误面前认真反思,避免重犯错误,会逐渐走向成熟。一个单位从个人的失误中总结经验,不断完善规章制度,会大大提高安全度;一个社会把失败个案作为教材,在社会上加以推广,让所有人以当事人身份汲取教训,会带来无法估算的经济效益。认识,实践,再认识,再实践是必然过程,从这个意义上说,正确对待失败比正确对待胜利更有意义。

3.6.1 失败学的内涵

1. 失败的含义

按日本的《广辞苑》的解释,失败就是“做了,但没有成功”,会带给人一种负面的印象。所以,失败首先与人有关,自然灾害不能算是失败。

日本学者畑村洋太郎认为,失败是指“人们参与一个行为后,出现了不希望见到的结果,或没有达到预期的结果”。失败可分为“好的失败”和“不好的失败”。“好的失败”是指在遭遇未知之事时,即使充分注意也难以避免的失败,如果能从这种失败中认真总结经验,往往能开拓

人类未知的新领域；“不好的失败”是指不该失败的失败，如不负责任、玩忽职守所导致的失败。对“坏的失败”必须严惩，但要把追查原因和追究责任者两者区分开来，善意对待当事人，帮助他鼓足勇气战胜失败，不再重犯。

失败转化为成功的关键是正视失败，把失败中隐藏的发展基因发掘出来。失败是成功的反义词，失败与成功是一对孪生兄弟，二者既有对立性，也有统一性。错误、失败往往是正确、成功的先导，及时认真总结失败教训往往能取得进步和成功，而成功之后的骄傲则往往导致失败。

失败的原因可能是无知、不当心、不遵守顺序、判断失误、调查探讨不够、制约条件变化、规划不良、价值观不良、组织管理不良。失败原因在于产生失败的因素之间存在着因果关系、相互作用关系、条件转移关系等复杂关系，而人们可能无法全部意识到这些因素及它们之间的联系，所以导致了失败。

2. 失败学研究的范围

失败学是一门指导人们行为方法的实用科学，它是社会科学当中的重要分支科学。所谓失败学是指研究失败产生原因，机理，探求其内在规律，避免重犯或少犯错误，以最小代价、最佳途径取得成功的一门新兴学科。失败学的主旨在于理解失败的特征，防止重复不必要的失败，从失败中学习使人成长进步的新知识。

失败学研究的内容非常广泛，自成体系，主要包括：失败与失败学的定义、关系、特征；失败的哲学思考（原因分析等）；影响成功的因素；失败与成功的关系；失败学的研究方法；失败的预防与预警；历史经验借鉴、历代兴亡成败典型案例剖析等。

失败学就是提倡从失败中学习，研究如何聪明地与失败相处，寻找自己的成功之路。“不是劝人接受失败，而是教人如何成功”，失败学实际是“成功学”。畑村洋太郎先生的《失败学》强调，失败是走向创造的第一步。人的成长离不开失败，而社会是在失败中发展和进步的。

自有人类活动以来，就一直存在成功与失败这对孪生兄弟。任何活动不外乎完全成功，部分成功部分失败，完全失败三种结果。纵观历史上成功人才、成功组织获得胜利的范例，不难发现一个共同特点，就是保持头脑清醒，胜利时不骄傲自满，不盲目乐观；遇到困难乃至失败时毫不气馁，及时总结失败教训，逐步走向成熟与成功。所以说，开展失败研究有着十分重要的意义。

3. 失败学的基本特征

(1) 广泛性

失败具有广泛性、普遍性的特征。人类实践活动不论活动的大小、复杂的程度，其结果均离不开成功与失败。

(2) 客观性

失败是人类活动中客观存在的，必须勇敢地正视它、研究它，不容回避，回避的结果只能招致更严厉的惩罚和更惨重的失败。

(3) 相倚性

失败与成功是一对如影随形的孪生兄弟，此消彼长，此长彼消。

（4）可转化性

失败与成功这对矛盾在一定条件下是可以相互转化的。

（5）两重性

失败本身是坏事，但只要认真对待，善于总结，吸取教训，就能避免重犯或少犯错误而取得成功，使得坏事变好事。这里的“变”是需要前提条件的，就是要正视错误、正视失败，认真分析致错致败的原因，针对主要原因制订正确的对策。

作为一门学科而言，失败学还具备科学性、社会性、实践性、群众性等特征。

3.6.2 失败学的定律和法则

1. 失败学的三条定律

失败学要研究的是从过去的失败中总结经验、积累知识，以指导现在的行动并预测将来，尽量不犯同样的错误。

定律1：进行逆向思维。如果总打“如意算盘”，必定会出现某种“纰漏”。为了预防失败，需要假想具体的失败项目，从反方向推断导致它出现的环节。

定律2：使潜在信息公开化。有一条公认的法则认为，每一个重大灾害的背后都有多个潜在隐患。尽早防患于未然。不过什么是潜在隐患，要给出限定条件还不容易。因为，维修人员意识到“这一点将带来危险”后应该公开提出来并避免出现危险。

定律3：树立人人思考的习惯。如果每个维修人员不能认识到失败的苗头或不能拿出良好的表现，依靠逆向思维来避免失败的方式就很难发挥作用。因此每个维修人员都需要发挥能动性，并提出具体建议。可以向全体维修人员询问以下三个问题，并让他们亲口作答：

第一，自己的维修工作与整个航空装备维修安全有何种关系？

第二，从一系列的航空事故中，你想到了什么？

第三，现在立即要做的事情是什么？

第一个问题是提醒维修人员重新认识航空装备维修工作的作用。维修人员只有发挥了维修工作的作用，其自身意义与存在才能被认可。第二个问题是提醒维修人员要看到失败背后的本质。光靠找到直接原因和对此加以改善，是不足以防止再度失败的，需要搞清事情的本质。也就是说，要清楚直接原因的背后还隐藏着什么。第三个问题是敦促维修人员采取紧急行动。

每个维修人员都需要对上述三个问题进行思考、整理答案，并亲口表述自己的观点。这样才能养成人人主动思考的习惯。

最后要强调的是，三条定律也好，三个问题的问答也好，都需要维修管理人员自上而下切实实施。

2. 失败学的六条法则

第一，要立体地把握失败和事故的真相。

第二，要努力传播失败的信息和知识。

第三，必须如实地再现事故和失败的全过程，绝对不能隐瞒和掩饰失败和事故的真相和细节。

第四，失败和事故的当事者要从自己的体验、感受中总结经验教训，不应由第三者对失败和事故等进行调查和总结。

第五，杜绝失败和事故不能仅仅靠加强管理，还必须提高所有当事者的认知水平，让每个人都了解事物（如产品制造）的全过程，以及每个环节与整体的关系及影响。

第六，要把分析、查明原因与追究责任分开来。

3.6.3 失败学与维修差错的关系

"失败是成功之母"，这是前人总结出的哲理名言。古往今来，无数事例证明，没有对失败的深刻认识、研究与总结，不可能有其后的成功与胜利。盲人骑瞎马，瞎碰乱撞，侥幸成功的事例是极为罕见的。只有正视失败、分析失败原因、吸取教训、深谙失败学原理并能应用自如，才能做出科学的决策，从而大大减少失误和偏差，少走弯路，以最小代价取得最大成功。

失败如果放任不管，失败就会增大，因为有些失败是表面化的，大部分失败是潜在的。根据海因里希法则，在一件"可以成为新闻的失败"背后，有29件值得"轻度投诉的失败"，有300件"未被发现的不至于投诉的潜在失败"，潜在的失败不加以处理，就可能转化为显然的失败，甚至是不可弥补的失败。

失败是可以预测的。根据海因里希法则，小失败都是大失败的预兆。现实中往往是对失败的预兆放任不管，或者忌讳失败、忽视失败的倾向使得大失败最终产生。

失败信息不容易传播，会随着时间的推移而衰减，不重复经历的失败极有可能被遗忘；失败信息容易被隐瞒，因为忌讳厌恶失败而刻意隐瞒失败，会造成潜在危害；失败信息容易被单纯化，有些失败传播的途径很简单，不对失败原因进行系统分析，在传播过程中失败信息就可能被误传，导致失败的经验不被分享，重复失败；失败的原因容易被歪曲，由于个人偏见，或涉及利益问题，无法也不愿意正确归因，歪曲事实；客观的失败信息无用，失败发生之后重要的是归因，使得到的失败经验转化为知识，客观描述失败的现场有时是为了掩盖主观原因，导致失败的经验不够深刻；失败不加以知识化就无法传播，经历失败后要加以经验化和知识化，把个人的经验归纳为自己和他人日后可以利用的知识；仅仅传达失败的结果，什么也说明不了，只有传达导致失败的经过，才是真正的传达。

失败学是我们总结借鉴航空装备维修的历史经验，是指导现代实践的必备理论。通过在航空装备维修中普及和活用失败知识、失败学基本原理，事故发生率大大降低。甚至可以有意识地让人们通过试验，模拟体验一下失败的感受，当其挑战未知领域时可以少走弯路。失败知识与失败学原理的应用有助于将各种事故消灭在萌芽状态，大大减少其发生率，提高维修工作质量。

3.7 人的心理特征

心理是感觉、知觉、记忆、思维、情感、意志和气质、能力、性格等心理现象的总称，是客观现实在大脑中的反映，是主观与客观的统一。心理是人类社会实践的产物，具有自觉性和能动性的特点。心理活动是客观事物以及它们之间的联系在人脑中的反映，大脑是人的心理活动的主要生理基础，人的大脑皮层决定着人的心理。

3.7.1 人的个性

个性一般是指某一事物区别于其他事物的特殊本质，而人的个性是指在某一个人身上经常稳定地表现出来的心理特点的总和。现代心理学家认为，个性是人的心理特征和品质的总和。个性的内部心理特征和品质是指人的性格、气质、能力素质和动机等，也就是指一个人的性格、能力、兴趣、气质等心理状态的总和，具有独特性、综合性和稳定性的特点。

① 独特性。每个人都有与别人不同的能力和气质，都有独特的性格和爱好。

② 综合性。它是所有特点的综合体。

③ 稳定性。它是在一个人身上经常表现出来的比较稳定的特征。

个性的稳定性是相对的，一个人的个性形成后，随着社会环境的变化和个人的发展以及人与人之间关系的变化，也会有所变化。特别是青年人的个性，具有很大的可塑性。一个人个性的形成和发展是一个复杂的过程，虽然人的生理素质对个性有一定的影响，但个性主要是在社会实践中经过长期的塑造而逐渐形成和发展的。走向社会是个性发展最复杂的阶段，社会制度、经济发展、政治形势、文化教育等都对个性的发展有重要影响。

每个人都生活在社会关系中，都会受到社会生活和教育的影响，受到社会关系的制约。社会关系虽然包括许多方面，但主要是生产关系，由此决定的政治关系以及法律、道德、艺术、科学、宗教关系等，都会影响到个性的形成和发展。

人又具有能动性，它接受外界的影响是积极的、主动的，人在改造客观世界的同时也在改造自己的主观世界，改变人的认识能力，改变人的气质、性格。人的个性是在社会关系中逐步磨炼形成的。

总之，个性就是处于社会关系中的个人所形成的个体心理特点的总和。也就是说，它是在先天遗传因素的基础上，通过后来的社会实践，逐渐形成和发展起来的个体心理特征的总和。

3.7.2 人的气质

人的气质是人的心理特征之一，指某个人心理过程的强度、速度、稳定性以及心理活动的指向性等动力方面的特点。希腊医生希波克拉特根据人体四种体液（血液、黏液、黄胆汁、黑胆汁）的含量，把气质分为以下四种类型：

第一种类型是胆汁质。性情急躁，动作迅猛。

第二种类型是多血质。性情活跃，动作灵敏。

第三种类型是黏液质。性情沉静，动作迟缓。

第四种类型是抑郁质。性情脆弱，动作迟钝。

巴甫洛夫根据高级神经活动的强度、平衡性和灵活性三个基本特性，把高级神经活动划分为不可抑制型、活泼型、安静型和弱型四种基本类型。神经系统的基本类型是气质的生理基础，气质是高级神经活动类型的外在表现。四种神经活动类型分别与胆汁质、多血质、黏液质和抑郁质相对应。

实际上，纯属于某一气质的人是极少数的，多数人兼具两种甚至更多种气质的特点，表现出一种总和现象。气质对人的实践活动有一定的影响，在现实社会中气质有以下特点：

① 气质可以影响人的活动效率。

② 气质可以影响人的情感和行动。

③ 气质类型无好坏之分。

④ 气质不能决定一个人社会价值和成就的高低。

总之,气质是影响人的心理活动和行为的动力特性,是人的稳定的心理特征之一。但人的心理和行为不是由气质决定的,人的心理和行为是由社会生活条件和个人的具体生活状态决定的。气质同其他个性心理特征相比,它不是一个人精神世界最本质的特征,而只是具有从属的意义。但由于它是构成人们各种个性品质的一个基础,因此,它是一个必须得到充分重视的重要因素。

3.7.3 人的性格

性格是个性的重要心理特征,是区别个性的主要心理标志。性格反映人的行为取向,它可以从外在行为上表现出来,还可以反映出一个人的动机和态度,是行为方式和现实态度的统一体。性格是一个人表现在态度和行为方面的较稳定的心理特征,受一定思想、意识、信仰、世界观的影响和制约,是个性的重要组成部分。由于具体的生活环境不同,每个人的性格会有不同的特征。性格是在一个人生理素质的基础上,在社会实践活动中逐渐形成、发展和变化的,并具有一定的复杂性、独特性、整体性和持续性。

性格是一个十分复杂的心理特征,它有许多侧面,包含着多种多样的特征。这些特征在每一个个体身上都以一定的独特性结合为有机的整体。

① 对现实态度的性格特征,主要表现在各种社会关系的处理方面。例如处理个人、社会、集体的关系;对待劳动、工作的态度,对待他人和自己的态度等。

② 性格的意志特征,主要表现为行为活动的习惯方式。例如独立、目的性、组织性、冲动性、纪律性、盲目性、散漫性、主动性和坚韧性等。

③ 性格的情绪特征,主要表现在外表的状态。例如强度、稳定性、持久性和主导心境等。

④ 性格的理智特征,表现在感知、记忆、想象和思维等认知方面,主要分为主动观察型和被动感知型。在想象方面也存在着幻想与现实的不同。

3.7.4 人的能力

能力是与顺利完成某种活动有关的心理特征,通常是指个体从事一定社会实践活动的本领。它是人对事物的处理水平的度量,包括感知能力、判断力、注意力和操作能力。

能力有一般和特殊之分,一个人要想顺利地完成他所从事的工作,必须具有多方面的能力。影响能力的因素主要有素质、知识和技能、教育、社会实践、勤奋等。

3.7.5 人的蛮干心理

蛮干行为大多数来源于盲目自信,有些维修人员错误地把蛮干当成自信,殊不知蛮干与自信有着本质的区别。每个维修人员都应该清楚,自信是有条件的,它来自精湛的技术、成熟的心理、严格的纪律和应变的能力,即建立在可靠基础之上的。而蛮干则相反,蛮干缺少上述条件,指的是没有自知之明,只凭主观愿望和满腔热情,不考虑客观条件和后果的不负责任的行为。蛮干的心理,通常反映在两种人身上:一是长期从事维修工作的人员,随着时间的推移,他们的维护技术逐渐提高,维护经验逐渐积累,自认为没有什么不熟练的工作,没有什么不能排除的故障;二是一些新维修人员,初生牛犊不怕虎,维护飞机时间不长,维护经验尚缺。这两种人共同的特点都是过高估计自己。

3.7.6 人的急躁心理

人的急躁情绪很多时候是由外界的客观条件和客观环境引起的。例如因天气或机械原因延误时间过长、执勤时间超过规定过多、兄弟部门冷言冷语伤人、家有急事需要处理等，引发了急于完成维修任务的急躁心理，进而忽视安全条件，在超出自己能力范围的条件下，草率地维护飞机。古人云“欲速则不达”，忙中可能出错。维护中产生急躁情绪，往往在忙乱中求快，不按操作程序办事，出现错、忘、漏动作，可能由此而引发事故。因此，每个维护人员应当切记，当外界引发你的急躁情绪时，必须自我克制，镇定自若，要有“任凭风浪起，稳坐钓鱼台”的心态，“不管风吹浪打，胜似闲庭信步”的情绪。这是一个维护人员心理品质高、有修养的表现。如果没有这种心态和情绪，遇事急躁，临危慌乱，一定会把事情弄糟，后果不堪设想。

3.7.7 人的侥幸心理

侥幸，按照一些辞书的解释，是指意外获得成功的意思。存有侥幸心理的维护人员，总是希望在维修工作中，能够侥幸取胜，意外取得成功，不愿做艰苦细致的工作。侥幸心理具体有三种表现形式：一是认为上一次低于标准安全工作没出问题，这一次也会成功；二是认为别人低于标准安全工作未出问题，我也不会出问题；三是认为之前的飞机按照以前的做法维护未出问题，后面的飞机理应也能安全。这些想法都是企图依靠运气来保证飞机安全，是非常不可取的，就像建在沙滩上的楼房，缺少坚实的基础。古人云“智者不冀侥幸以邀功”，说的是聪明人不希望把成功寄托在侥幸上面，而应该依靠自己的努力。因此，对于企图依靠意外而侥幸取胜的心理，必须扫除干净。

3.7.8 人的压力心理

压力分为正常的压力和非正常的压力。正常压力可以促进人心向上奋发图强，俗话说“人无压力轻飘飘”。非正常压力会使人谨小慎微，胆小怕事，无所适从。其中，来自家庭生活的压力对航空维修人员维护工作的影响不容忽视。

3.7.9 人的需要心理

需要是指人对某种目标的渴求或欲望，有物质需要与精神需要相结合、劳动创造与满足需要相结合、需要与发展生产相结合、需要与社会生活条件相结合等。需要和欲望是人的能动性的源泉和动力。欲望是指人的需要尚未得到满足的一种反映形式，它是人的一切行为和活动的根本出发点，也是人产生需要的前提。欲望具有无限性、关联性、反复性和竞争性的特点。马斯洛认为人类价值体系中存在两类不同的需要，一类是沿生物谱系上升方向逐渐衰弱的本能或冲动，称为低级需要或生理需要；另一类是随生物进化而逐渐显现的潜能或需要，称为高级需要。根据马洛斯理论，需求可以归纳为如下五类：

① 生理需要。这是人类最原始、最基本、最强烈的需要，也是不可避免的最低层次的需要。

② 安全需要。每一个在现实中生活的人，都会产生安全感的欲望、自由的欲望和防御实力的欲望。

③ 社交需要。人们希望和同事们保持友谊，希望得到信任和友爱。人们渴望有所归属，成为群体的一员。

④ 尊重的需要。人们有自我尊重、自我评价以及尊重别人的愿望和需要。

⑤ 自我实现的需要。人们希望完成与自己的能力相称的工作，使自己的潜力得到充分发挥。

马斯洛认为需要各层次间的相互关系表现为：

① 从低到高，不断变化。

② 无法完全满足，越到高层次，满足的百分比越少。

③ 多种需要共存，某一需要占支配地位。

④ 需要满足之后就不再是激励力量。

作为管理者，要做好人员管理，发挥维修人员的积极因素，必须关心维修人员的需要，在调查研究和分析的基础上，做到逐步合理地解决。

3.7.10　人的动机心理

动机是引起个人行为和维持该行为，并将此行为导向某一目标(个人需要的满足)的过程，动机大致分为以下几类：

① 生理性动机。起源于身体内部的生理平衡状态的变化，这是生物共同的需要，称为原始性驱动力或生理性动机。

② 衍生性动机。起源于心理和社会因素，一般是经过学习而产生的动机，是非机体性需要或个别性需要所产生的。

③ 优势动机。反映在我们实际生活中的行为动机，常常是多个并存，这些动机的强度随时会有变动。一个人的行为由其全部动机结构中强度最高的动机所决定。

个人行为动机模式的影响因素有嗜好与兴趣、价值观和抱负水准。

3.7.11　人的期望心理

期望是指一个人根据以往的经验在一定时间希望达到目标或满足需要的一种心理活动。期望心理活动与人的需要和价值观、客观存在的目标相联系。研究期望理论对调动维修人员的积极性有明显的现实意义。

期望心理一经形成，不仅具有普通心理的特征，还有区别于其他心理现象的特征：

① 表现为一定的期望概率。期望心理活动的结果常常表现为一定的期望概率，这个概率值是人的经验与能力的总和。期望概率的大小并不与经验的多少成正比，一般来讲，经验丰富或比较成熟的人的期望概率主要表现在准确上。

② 表现为一定的行为动力。期望心理是人的行为表现的内在动力之一，当期望成功的概率较高，成功后满足需要的价值大时，驱使行为表现的动力就越大。反之，则小。

③ 随着客观环境及目标的变化而变化。期望心理是有方向、有目的的，但期望的方向和目的不是恒定的，它随着客观环境及目标的变化而变化。

价值观是人的期望的心理基础。价值观代表一个人对周围事物的是非、善恶和重要性的评价。人的价值观取决于世界观，是从出生起，在家庭和社会生活中积累形成的。价值观不仅影响个人行为，还影响群体行为，进而影响企业的经济效益。史布兰格认为在美国社会被重视的中心价值有以下六种类型：

① 以知识真理为中心的理论性价值。

② 以形式与协调为中心的美的价值。

③ 以权力地位为中心的政治性价值。

④ 以群体他人为中心的社会性价值。

⑤ 以有效实惠为中心的经济性价值。

⑥ 以信仰为中心的宗教性价值。

3.7.12 人的挫折心理

在心理学上，挫折是指个体从事有目的活动过程中遇到阻抗、障碍，致使个人动机不能实现、个人需要不能满足时的情绪状态。

人们随时都可能遇到挫折，挫折的结果有利也有弊。一方面，它引导个人的认识产生创造性的变迁，即解决问题的能力得到增长，也能引导人们用更好的方法满足欲望。另一方面，如果挫折太大，则可能使人们心理痛苦，产生行为偏差，甚至引起种种疾病。产生挫折的因素包括外在因素和内在因素。

1. 外在因素

① 实质环境。它包括个人能力无法克服的自然因素的限制，例如无法预料的天灾地变、衰老、疾病和死亡。

② 社会环境。它包括个人在社会生活中所遭受到的政治、经济、道德、宗教和风俗习惯等人为因素的限制，例如因考试制度的关系，一个具有特殊才能的人无法发挥其潜力。

2. 内在因素

① 个人的生理条件。指个人具有的智力、能力、容貌、身材以及生理上的缺陷疾病所带来的限制。

② 动机的冲突。指个人在日常生活中，经常同时产生两个或两个以上的动机。如果这些动机无法同时满足且相互排斥，则产生难于选择的心理状态。

行为学者认为下列三种冲突使得现代人的性格容易变成神经质：

① 竞争与合作的冲突；

② 满足欲望与抑制欲望的冲突；

③ 自由与现实的冲突。

挫折的原因包括组织的管理方式、组织内的人群关系、工作性质和工作环境等。挫折容忍力受生理条件、过去的学习和经验以及对挫折的知觉判断因素影响。人们遇到挫折后的情绪反应有愤怒的攻击（直接攻击、转向攻击）、不安、冷漠和退化。人们遇到挫折后防卫的机制通常有合理化作用（自欺欺人）、逃避作用（不敢面对）、压抑作用（不予承认）、代替作用（另寻补偿）、表同作用（模仿迎合）、投射作用（贼喊捉贼）、反向作用（掩饰屈从）等。

3.7.13 人的激励心理

激励是指引起行为的一种刺激，是促进行为的一种重要手段。对维修人员的激励应遵循下列原则：

① 组织目标的设置与维护人员的需要尽量相一致。

② 要使组织的行政管理政策、规章制度成为激励的因素。

③ 要有良好的管理方式和管理行为。

④ 建立良好的人际关系。

⑤ 形成良好的风气。

⑥ 创造良好的工作条件和工作环境。

激励手段是激励理论运用于管理实践中的表现，通常所说的"强化法"是基于条件反射的心理假设，是行之有效的激励手段，但在使用过程中应从具体问题的前提条件出发，灵活运用。

3.7.14　人的群体心理

人群关系是指在一定的社会制度下，人与人之间的关系，也就是个人和上级、同事、下级等之间的关系。人群关系对于工作效率有很大影响。

1. 良好人群关系的标志

良好人群关系的标志主要有以下内容：

① 有一套完整的、切合实际的正确处理人群关系的规范、原则和方法。

② 在实现组织目标的同时，应使人获得需要上的满足。

③ 必须建立在人性管理的基础上。

④ 良好的管理方式和公平有效的领导行为。

2. 获得良好人群关系的方法

要获得良好的人群关系，通常采用以下方法：

① 树立正确选择管理者的概念。

② 建立良好的组织结构。

③ 实行适当的人员参与制。

④ 良好的意见沟通。

⑤ 合理的态度调查。

3. 群体心理的制约因素

群体心理的制约因素主要包括：规范、责任、集体主义、管理与控制、领导方法与领导作风。

4. 不良心理

不良心理因素是人为差错产生的原因之一，而适应障碍是不良心理的主要形式之一。维修人员的适应障碍大致有以下表现形式：

① 畏惧心理。它主要反映在技能水平不高和缺乏内在自信。

② 逆反心理。它是指由较强的自我表现、妒忌、性格差异等而导致行为方式各异。

③ 依赖心理。它是由对同等技能水平成员的期望值过高而产生。

由于适应障碍终将导致潜在的危险显现为现实，所以，保持良好的适应关系，消除适应障碍对于避免事件（事故）的发生至关重要。

3.8 人的自然倾向

3.8.1 群体习惯

习惯是人长期养成而不易改变的语言、行动和生活方式。习惯分个人习惯和群体习惯，群体习惯是指在一个国家或一个民族内部，人们所形成的共同习惯。

一个国家或一个群体内部的人，常对器具的操作方式有着共同认识，并在实际中形成了共同一致的习惯。这类群体习惯有的是世界各地都相同，也有的是国家之间、民族之间各不相同。各国在操作方式上的不同习惯，还反映在其他许多方面。因此，一切机械、工具的设计应符合使用者的群体习惯，否则，往往很难为使用者接受。有些虽不属于群体习惯，但在一个国家已规定作为共同遵守的规则，也不容忽视。另外，惯用右侧者在人群中占绝大多数这个事实已为大家所公认。符合群体习惯的机械工具，可使维修人员提高工作效率，减少维修错误。

3.8.2 人的错觉

人的错觉是由人的生理和心理所决定的，例如：

① 视错觉中的方位、对比、长度、大小错觉。

② 听错觉中的声音定位错觉。

③ 身体在空间定向的错觉、运动错觉。

3.8.3 精神紧张

人在工作繁忙的时候，常处于精神紧张状态，甚至会导致一时性血压升高或其他生理反应。但人体的生理机能有着惊人的稳定性，能在任何一个机能系统中使失常的生理状态恢复正常。一般来讲，紧张状态的发展可分为警戒反应期、抵抗期、衰竭期三个阶段。在紧张状态不超过衰竭期的情况下，人还能提高工作能力。但若长期过度紧张，体内代谢便失去平衡，人的劳动能力就会下降。所以人经过短期紧张状态之后，应有一段相应的舒缓状态期。

精神紧张状态的程度可以根据工作时的心率、需氧量和能量代谢率加以衡量，它与作业对象、作业性质、作业方法等密切相关。

3.8.4 人的慌张

人的慌张是维修人员在某种心理状态下所表现出的一种工作状态。着急慌忙有两方面的原因，一是本人主观上的性格；二是出于某种原因想尽快做完某件事情。此时的动作与平静条件下的动作相比，事故的危险性明显增大。由于慌张，维修人员在作业场所滑倒、跌倒是常有的事。慌张在一定程度上是可以克服的，只要平时注意意志锻炼，合理安排作业，就能保证平静地、有条不紊地工作。

3.8.5 人的惊慌

在异常情况下，尤其是在紧急危险状况下，多数人的心理会突然变化，内心十分紧张，一时失去判断能力，行动也随之失去常态。

要做到临危不惧，遇事不慌，平时必须注意意志的锻炼，善于在紧急事态下辨明事态真相，迅速做出决定并积极采取行动。这就需要提高自己的果断性，另外，在危险状态下，还要学会控制自己的情绪，即提高自控能力。

3.9　人的可靠性

从人的生理和心理方面看，当人处于不安静、健康状况不佳、情绪不好、出现错觉的状态时，极易发生各种差错。此外，即使在正常状态下，人也会有失误。因此，在进行系统工程的可靠性分析时，必须将人作为系统的一部分来考虑其可靠性。

人的可靠性定义为在规定的最小时间限度内（如果有规定的时间要求），在系统运行的任一要求阶段，由人成功地完成工作或任务的概率。

3.9.1　人的可靠性与压力

人所承受的压力是影响人可靠性的一个极为重要的方面。压力是人在某种条件刺激（在机体内部或外部）作用下，所产生的生理变化和情绪波动，使人在心理上体验到一种压迫感或威胁感。

各方面的研究表明，适度的压力对于提高工作效率、改善人的可靠性是有益的，压力过轻反而会使人精神涣散，缺乏动力和积极性。但是当人承受过重的压力时，发生人为差错的概率比其在适度压力下工作时要高，因为过高的压力会使人的理解能力减弱、动作准确性降低、操作的主次发生混乱。

工作中造成压力的原因通常有以下四个方面：

① 工作负荷。如果工作负荷过重，工作要求超过了人满足这些要求的能力，会给人造成很大的心理压力。而工作负荷过轻，缺乏有意义的刺激，同样也会给人造成消极的心理压力。

② 工作变动。这种变动往往会破坏人的行为、心理和认识的功能模式。

③ 工作挫折。任务不明确、官僚主义造成的困难、职业培训指导不够等，会阻碍人达到预定的目标。

④ 不良环境。不良的作业环境和不良的人际关系会增加工作的压力。

3.9.2　人的可靠性与意识水平

影响人的可靠性因素极为复杂，但人为失误总是人的内在状态与外部因素相互作用的结果。人的内在状态可以用意识水平或觉醒水平来衡量。人处于不同觉醒水平时，其行为的可靠性是有很大差别的。人处于睡眠状态时，大脑的觉醒水平极低，不能进行任何作业活动，一切行为都失去可靠性；处于异常兴奋、紧张状态下，可靠性同样会明显降低。

3.9.3　人的可靠性影响因素

影响人的可靠性因素主要有人本身的心理因素、生理因素、个体因素、操作能力以及环境因素等。

1. 人的因素

① 心理因素。包括反应速度、信息接受能力、信息传递能力、记忆、意志、情绪、觉醒程度、注意力、压力、心理疲劳、社会心理、错觉、单调性、反射条件。

② 生理因素。包括人体尺度、体力、耐力、视力、听力、运动机能、身体健康状况、疲劳、年龄。

③ 个体因素。包括文化水平、训练程度、熟练程度、经验、技术能力、应变能力、感觉阈值、责任心、个性、动机、生活条件、家庭关系、文化娱乐、社交、刺激、嗜好。

④ 操作能力。包括操作难度、操作经验、操作习惯、操作判断、操作能力限度、操作频率和幅度、操作连续性、操作反复性、操作准确性。

2. 环境因素

① 机械因素。包括机械设备的功能、信息显示、信号强弱、信息识别、显示器与控制器的匹配、控制器的灵敏度、控制器的可操作性、控制器的可调性。

② 空间因素。包括环境与作业的适应程度、气温、照明、噪声、振动、粉尘、作业空间。

③ 管理因素。包括安全法规、操作规程、技术监督、检验、作业目的和作业标准、管理、教育、技术培训、信息传递方式、作业时间安排、人际关系。

3.10 人为因素责任

人为因素的责任通常分为飞机与部件设计、维修产品设计、维修大纲的应用三种基本类型。

3.10.1 飞机与部件设计

飞机与部件设计涉及可维修性的设计任务，主要包括与维护、检查、调试和拆卸安装工作有关的设备设计。这些设计工作必须保证有足够的工作空间进行所要求的维修工作，如使用可能需要的工具和检查设备；还应充分考虑到维修装备的重量和搬运特性，设备参数不能超过任务需要的维修人员体力限制范围。如果维修人员的体能与设备不相适应，则必须研制专门的搬运设备，以保证正确搬运，并保护设备和维修人员不受伤害。设计工作还应当考虑到指定任务需要的维修人员数量和技能，保证以合理的人力安排完成指定的任务。

凡是使用计算机诊断程序的地方，就必须对机内测试设备或其他外部系统、设备、程序、菜单，以及其他任务或信息选择方法加以设计，以便维修人员使用和理解，也就是说，设计应当是“用户感到融洽”的。由此产生的结果对于维修人员来说，必须是可理解和可使用的。

3.10.2 维修产品设计

维修人员需要辅助设备和书面材料，以便对飞机系统进行维修。在设计地面设备、专用工具和试验设备，以及各种形式的维修文件时，必须考虑到维修人员能力和限制规定，并且随时向维修人员提供这些产品，以方便维修人员有效地使用这些地面支持设备和工具。

不管是制造商还是规章制定部门制定的文件，都必须清楚、易懂和准确（技术上的正确性),以便维修人员有效地利用这些数据资料。这种书面资料必须是维修人员按需要容易得到的,同时,必须随时向培训部门提供这类书面资料。

3.10.3　维修大纲的应用

维修大纲是根据设备需要(设计目标、安全和可靠性)和规章制定部门的要求(安全、适航性等)制定的。当接收飞机及其初始维修大纲,对任务和任务间隔进行调整时,也必须考虑人为因素问题,大纲的调整必须符合人的能力、耐力和技能,以免超工作负荷和疲劳。并且从事该项工作的维修人员在各方面必须经过适当培训,例如实际维修业务培训包括地面支持设备、工具和试验设备的使用,机内或外部计算机诊断设备的使用等。

3.11　人的能动性

航空界一度流行一种看法,认为航空规章已经足够完善,大家都老老实实按规章办事就行了,用不着强调人的能动性。然而,任何安全规章都只能覆盖最重要的一些情况,而且往往是曾经出现过的情况,但对于新技术,尚无形成规章所需要的资料累积,只能临时性地定出几条试行。因此,再努力,规章也不可能绝对完善,实践中仍然会发生各种意想不到的情况,需要人审时度势,适当处理。过去人们讲得更多的是人犯错误导致事故,但反过来看,正是由于人的能动处置制止了情况恶化,挽救了更多的航空装备。能动性是人与机器相比特有的优势,如何更好地发挥这种优势,对于航空安全意义重大。

当然,发挥能动性绝不是指抛开现有的规章、标准和程序,标新立异,自行其是,而是指自觉地、主动地严格执行已有的规章、标准和程序,保持高度的警惕性,发现新情况和新问题,努力学习,充实知识,按照系统论追求总体优化,发挥整体功能。

未来飞机将是一个非常庞大、高度自动化的大系统。航空装备维修是系统中一项非常复杂的工作,不但需要个人的能力,而且也需要整体配合,因此发扬集体精神尤为重要。作为系统各组成部分的航空装备维修人员,绝不能各自为政,必须齐心协力,加强合作,发挥系统的整体功能,只有这样航空安全才能得到有效保障。

3.12　人机接口设计

人类和系统的主要差别是:人类不像其他系统要素那样,在改进整个系统工作的优化过程期间可以重新设计,即人类是不可以重新设计的。因此,系统的设计者必须遵守三个基本法则:第一个法则是系统设计应当与人类的能力、素质、需要和力量相匹配;第二个法则是设计系统时要考虑到人类的弱点和缺陷,以避免人为差错;第三个法则是对系统的人类要素提供充分的教育和培训。

在研制好的已使用的系统中,对于用第一个和第二个法则不能解决的任何问题或状态,或者由于各种约束而受到限制的任何问题,例如设计限制和协调性的要求等,设计者可以运用第三个法则来解决与人为因素有关的问题,这类问题可能是由于对设计的不正确理解引起的。

3.13 管理者的行为职责

管理是一种行为并具有影响力，这种行为和影响力可以引导和激励人们去实现组织目标，是在一定条件下实现组织目标的行动过程。这种行为和影响力并不排斥行使组织所赋予的权力，如实行监督和控制，但更重要的是，个人/领导者依据组织内的实际情况，通过运用领导技能、采取正确的领导方式和领导行为，来团结和带领全体维修人员高效率地实现安全维护的目标。

第4章　现代航空装备维修环境因素

航空装备维修的环境对维修人员影响较大，恶劣的工作环境常会导致人为差错。所以，维修人员都希望拥有理想的航空装备维修环境，如良好的照明、色彩、噪声、振动、气温、空气等。

4.1　航空装备维修环境因素范畴

航空装备维修环境因素泛指航空装备维修工作过程中所需的客观条件，主要包括工作环境和工作空间两方面内容。

4.1.1　工作环境

工作环境是指人、机共处的环境，主要有气温、噪声、振动、照明、色彩、空气等环境条件。它既包括物理环境因素的效应，也包括社会因素的影响，创造舒适、良好、安全的工作环境和生活环境，其目的在于不损害人的工作功能、对人体健康无任何不良影响、不影响机器设备的正常运行和性能等。

根据工作环境对人体的影响和人体对环境的适应程度，可将工作环境划分为最舒适区、舒适区、不舒适区和不能忍受区四个区域。

4.1.2　工作空间

在航空装备维修工作过程中，各种操作活动空间和器材、设备所占空间的总和称为工作空间。工作空间应在充分考虑操作者需要的基础上，为操作者创造既舒适又经济高效的工作条件。工作空间主要包括运动空间、心理空间和行动空间。

运动空间的基本要求是保证通行顺利、操作联系方便、机器布置合理和信息交流畅通。心理空间主要包括人身空间和领域性。行动空间主要包括立姿活动空间、坐姿活动空间、单腿跪姿活动空间和仰卧活动空间。

4.2　温热环境因素

温热环境又称工作环境的气象条件，温热环境直接影响维修人员的工作能力和舒适感觉。不良的温热环境条件会增加维修人员的劳动强度和疲劳感，降低劳动效率，影响维修人员的健康，对航空装备维修工作产生不良影响。

人所处的环境条件主要是指工作环境局部的气温、气流速度以及工作现场中的设备、产品、零件和原材料的热辐射条件，以及上述四种物理因素之外的人体代谢量和着衣量。一般将这六种因素叫作温热环境六因素。

温热环境的各因素互相影响和补偿，因此，某一因素的变化可以通过另一因素的影响来补偿。例如，温度、湿度的升高所带来的影响在一定范围内可由风速的增大来抵消。

4.2.1 温热环境因素的范围

研究温热环境因素对人体的影响时要做综合的分析，例如当气温低于 21 ℃时，人一般不出汗。随着气温的升高，出汗量逐渐增加，这时温度的影响也越来越大。在气温低于皮肤温度（35 ℃）时，空气的流动能增加人体的散热；而当气温高于皮肤温度时，情况就比较复杂了，一方面空气的流动能增加人体的散热，而另一方面，对流的方式使人体吸热增加，而且气温越高，吸热量就越多。

1. 气　温

空气的冷热程度称为气温。从人的出汗实验可知，环境温度从较低温度逐渐上升到 28 ℃时，人体是在身体的局部范围内出汗且量很少，当环境温度从 28 ℃往上升时，人体出汗的范围和量都将急剧上升。对习惯于在空调环境下工作的人进行测定，实验表明最佳有效温度（有效温度是指人在不同温度、湿度和风速的综合作用下所产生的热感觉指标）是 27.6 ℃。当有效温度为 30 ℃时（空气湿度约为 35%），工作效率将显著下降。但是，对不习惯于在空调环境下工作的人，他们的最佳工作效率出现在有效温度为 18～21 ℃的范围内，而当有效温度为 27.2～30℃时，工作效率明显下降。工作环境中的气温主要取决于大气温度和太阳辐射，因此，它随季节变化，另外还受工作场所的各种热源的影响。热源通过传导、对流使工作环境中的空气加热，并通过辐射加热四周物体，形成第二热源，扩大了直接加热的空气面积，使气温升高，舒适的气温大约为 21 ℃±3 ℃。

2. 湿　度

空气的干湿程度称为湿度。工作环境中湿度和气温一样，主要取决于大气温度。工作环境的湿度通常用相对湿度表示，相对湿度在 70%以上称为高气湿，低于 30%称为低气湿。空气相对湿度对人体的热平衡和温热感有重大的作用，特别是在高温或低温的条件下，高湿对人体的作用就更为明显。在高温高湿的情况下，人体散热困难，使人感到透不过气来，湿度降低就能促使人体散热而感到凉爽；在低温高湿的情况下，人会感到更加阴冷，湿度降低就会有增加温度的感觉。在一般情况下，相对湿度在 30%与 70%之间时为宜。

3. 风　速

风速是指空气的流动速度。在适宜的温度下，空气的流动可促使人体散热。但当气温高于人体皮肤温度时，空气流动的结果是促使人体从外界环境吸收更多的热，对人体热平衡产生不良影响。在寒冷的冬季，气流使人感到更加寒冷，特别在低温高湿环境中，如果气流速度大，则人体会因为散热过多而引起冻伤。

风速是温热环境中的一个重要指标。人体周围因空气温度和皮肤温度的不同而产生自然对流，使人体周围常产生 0.1～0.15 m/s 的气流。由于人体对这种气流的适应性而感觉不到其存在，故常将其作为无感气流。如空调房间内人体周围的风速低于 0.13 m/s，人就会感到舒适；当室内风速为零时，人就会有憋闷的感觉。室内风速与室内温度的关系甚密，在适宜的温度范围内，人感到空气新鲜的平均气流速度为 0.15 m/s。

4. 热辐射温度

热辐射温度是物体在绝对温度大于 0 ℃时的辐射能量。当周围物体表面温度高于人体表面温度时，周围物体向人体辐射热而使人体受热，称为正辐射，反之为负辐射。热辐射的强度通常以每分钟每平方厘米被照射的表面所接受到的热量(J)来表示。任何两种不同温度的物体之间都有热辐射存在，它不受空气影响，热量总是从温度较高的物体向温度较低的物体辐射，直到物体的温度达到动态平衡为止。热辐射包括太阳辐射和人体与其周围环境之间的辐射。

人体对负辐射的反射性调节不太灵敏，往往一时感觉不到，因此，在寒冷季节容易因负辐射丧失大量热量而受凉，产生感冒等症状。

5. 着衣量

衣服的热阻可用 Clo(1 Clo＝0.155 m^2 · K/W)来表示。1941 年美国耶鲁大学的 Gagge 博士通过测试，得出在室温为 21 ℃，相对湿度为 50％，风速为 0.1 m/s，人静坐在椅子上(人体皮肤平均温度为 33 ℃，湿热损失为 44 W/ m^2)时，从皮肤表面到衣服外表面的热阻值为1 Clo。1 Clo 热阻值的衣服相当于冬天穿的一件毛衣，男人在夏天仅穿一条短裤的热阻约为 0.1 Clo，在秋天穿短衣长裤的热阻约为 0.6 Clo，在冬天穿防寒衣的热阻约为 2 Clo。

6. 代谢量

人体的代谢量反映了人体做功所消耗的能量。一般将人坐在椅子上安静看书时的代谢量定为 1 MET(约为 58.2 W/m^2)。目前，已有很多经验值来反映人体在各种活动状况下的代谢量，但要严格地测试人体的代谢量却是一件技术性很强的工作。

4.2.2　温热环境因素的影响

由于航空装备维修工作的特殊性质，维修人员经常处于温热环境中，其中，温度对人的影响较大。

1. 高温工作环境对人体的影响

环境温度产生的生理影响众所周知，但热压力对人的影响更为复杂。一般认为过热会引起表现变差，但对于变差的程度或者影响的时间长短还存在一些分歧。人们只能忍受短时间的过热温度，随后表现会变差，但对环境的适应可延长忍受时间。对环境不具备适应性的人，在温度超过 30 ℃且相对湿度高的环境中待超过 3 h 后就会出现表现变差的情况。

① 人在高温下为了实现体温调节，必须增加心血输出，因此心脏负担加重，脉搏加速。抽样结果表明，长期接触高温的维修人员，其血压比一般温度下作业的人高。因此，循环系统在体温调节方面就起到了重要作用。

② 人在高温下，体内血液重新分配，会引起消化道相对贫血。同时，由于出汗排出大量盐分和大量饮水，致使胃液酸度下降，加上在热环境中，消化液分泌量减少，消化吸收能力受到不同程度的抑制，故会导致食欲不振、消化不良等症状。

③ 人在高温下，大脑皮层兴奋过程减弱，条件反射的潜伏期延长，注意力不易集中。严重

时会出现头晕、头痛、恶心、疲劳乃至虚脱等症状。因此，温热环境对中枢神经系统具有抑制作用。

④ 人体对中暑的抵抗能力差别很大，肥胖的人中暑的危险要比瘦的人大得多。据统计，若体重超过普通人 25 kg，中暑的危险性将增加约 6 倍。

在高温工作环境下，人体通过呼吸、出汗和体表血管的扩张向体外散热。若人体产热量仍大于散热量时，人体产生热积蓄，促使呼吸和心率加快，皮肤表面血管的血流量剧烈增加，称为热应激反应。持续的高温环境会导致热循环机能失调，造成急性中暑或热衰竭。

2. 低温工作环境对人体的影响

在低温工作环境中，皮肤血管收缩，体表温度降低，辐射和对流散热程度最小。身体通过发抖和限制体表的血流量来试图保持其中心温度。体温低于 35 ℃是比较危险的，处于 34 ℃时知觉会变弱，处于 30 ℃时会失去知觉，处于 28～230 ℃时会心跳不规律且接近死亡。

暴露在严寒中时，皮肤血管处于极度的收缩状态，流至体表的血流量显著下降或完全停滞。当局部温度降至组织冰点（－5 ℃）以下时，组织就会发生冻结，造成局部冻伤。最常见的是肢体麻木，会严重影响手的灵巧度和双手的协调动作，手的触觉敏感性的临界皮肤温度是 10 ℃左右，操作灵巧度的临界皮肤温度为 12～16 ℃。长时间暴露于 10 ℃以下，手的操作效率就会明显降低。

另外，几种特殊气象因素，如雨水、雪和风等对工作环境也有影响。

4.2.3 温热环境因素影响的改善措施

1. 高温工作环境的改善

改善高温工作环境的一般原则有以下几点：

① 改进维修方法。主要包括合理设计维修过程、屏蔽热源、降低温度和增加气流速度。

② 完善各种保健措施。主要包括合理供给补充饮料、合理使用劳保用品和对维修人员进行适应性检查。

③ 合理组织维修工作。主要包括合理安排工作量、合理安排休息场所等。

改善高温工作环境的具体做法有以下几点：

(1) 提高工作熟练程度

工作受高温影响的程度与技术熟练程度密切相关。为了防止工作能力受高温影响，一种缓解措施是设法提高所担负工作的熟练程度。按照巴甫洛夫学说，刚形成的大脑皮层条件反射性联系极易受环境新异刺激的影响而被破坏，而巩固了的条件反射，则一般不易消退。不论哪一种通过学习为人们所掌握的技术，就其本质来说，都是条件反射的形成。技术越熟练，即条件反射越巩固，受外界新异刺激（高温）的影响相对就越微弱。

(2) 进行高温习服与体质训练

高温习服是身体对热作用的一种适应性反应，是一系列生理性调整的结果。随着连续或反复暴露在高温下，身体新产生的生理变化逐渐适应所处的高温环境，形成了对热的习服。与开始时的反应相比较，高温习服形成后的主要生理特征表现为直肠温度、皮肤温度、心跳频率降低和出汗率增加。它反映了蒸发散热效能的提高和循环系统功能更加稳定，有助于适当提高对高温的耐力。

良好的体质训练者比缺乏体质训练者能够更好地适应高温。体质训练可以在一个特定的中枢出汗驱动水平上增强出汗机制，也可改善循环功能，满足代谢和外周血流增加对心血输出量的要求。这些生理机能的变化从另一个侧面有助于工作效率的保持。

(3) 合理安排饮水和作息制度

高温条件下作业，由于大量出汗伴随体液过量丢失，故会引起体水不足。体液过少常与活动时心输出量降低、心率加速相联系，并会引起体温明显升高和运动负荷耐力降低。试验表明，当做相同的体力负荷时，如在工作间隙休息时补充水分，心率升高量相比未补充水分要低。适时补充水分在减少心率和体温上升、维持作业耐力等方面均有好处。

2. 低温工作环境的改善

低温工作环境的改善主要包括做好采暖和保暖工作、提高工作负荷、个体保护和采用热辐射取暖。

(1) 手部保暖

手部保暖对在冷环境下保持工作效率有特殊的意义，而且无论从技术途径或经济成本出发，局部保暖都是切实可行的最佳方案。因此对于任何需要在冷环境下做手动作业的人-机系统来说，首先应考虑的是采用手部保暖措施。最简单的手部保暖措施是穿戴满足一定隔热要求的各种被动式保暖手套，该措施的缺点是手套较厚，影响精细操作。如条件许可，可采用各种主动式保暖手套，例如电热手套等。若在固定操作部件（如驾驶杆、方向盘等）的附近微小空间创造局部温区，则更有利于保持工作效率。

(2) 全身性保暖

为提高人的舒适性，延长对冷环境的耐受时间，需要进行全身保暖。进行全身性保暖的意义有以下几点：

一是防止因体温低而引起寒颤，有利于手部的精细操作和正确定位；

二是可减轻手部作业的效率下降；

三是维持核心体温基本正常。

(3) 工程设计考虑

实验表明，在手动作业中，需要手指灵活性的小目标操作要比需要手部灵活性的较大目标操作更易受低温的影响。与手部比较，手指的面积/质量比很大，局部热量极易散失，使该处的关节变得僵硬，导致感觉反馈减少，工效下降。组装作业与方块包装作业受低温影响之所以不同，就在于前者属于手指操作而后者属于手部操作。为此，在工程设计中应根据需要适当增大需要在低温下操作的装备部件的体积，变手指操作为手部操作，有效保持其工效。

(4) 低温习服

一般来说，低温习服比高温习服需要更长的时间。人体通过低温习服改善低温耐力，提高代谢产热率，从而有利于体温的维持。一方面，习服者的皮肤和深层组织均可忍受更低的温度；另一方面，研究发现，职业性低温习服者对低温应激能产生更快的冷致血管舒张反应，从而能维持较高的皮肤温度，使习服者在低温环境下能有效改善局部循环，减轻手指麻木度，保持较好的触觉敏感性，对维持手动作业的效率起到良好的作用。

(5) 作业训练

实验证明,对于任何难度的作业,只要操作技巧熟练,操作者受低温的影响就会减小。因此让操作者进行必要的作业训练十分重要。若能在身体受冷条件下进行实际训练则会有更好的效果,因为这种训练包含了低温习服和操作技巧熟练二重作用。

(6) 合理的作息制度

低温工效的下降水平不仅取决于环境的冷应激程度,而且与暴露时间密切相关。因此,根据不同作业类型和工效要求制定合理的作息制度,也是保持工作效率的有效措施之一。

4.3 噪声环境因素

声音对人类社会的发展十分重要,人们可借助听觉熟悉周围环境,利用声音和语言传递信息。在人们周围,使人们听起来不愉快、不需要的声音即噪声,它影响着人们的工作和学习,影响着人体健康和人们的生活环境。

4.3.1 噪声的基本概念

噪声通常是指一切对人们生活和工作有妨碍的声音,是当今世界三大污染之一。噪声能引起人的生理和心理损伤,并影响人的正常行为。由此可见,噪声的定义不仅取决于声音的物理性质,更主要的是取决于人们的心理状态,如音乐和噪声在物理上没有根本区别。噪声以多种方式影响人,噪声会使人的自我感觉恶化、不舒适、烦躁,影响工作效率和身体健康。噪声是普遍存在的,要想精确断定噪声的消极影响程度非常困难,这取决于是否预计到有噪声、噪声是否加重了任务的难度以及人是否放松或有警惕性。

噪声的危害,从量化上看主要是影响听力和降低语言的明了度,但对人的生理和心理的影响却难以估量。由于声的强度、频率分布、冲击性、连续性等特性及人的差异、习惯性、感情和情绪等方面的问题,噪声对人的影响还需要进一步研究。

4.3.2 噪声对工作效率的影响

噪声对听力的影响与噪声的强度、频率特性、暴露于噪声环境中的时间有关,具体表现为听觉疲劳、噪声性耳聋和爆发性耳聋。噪声对人的生理影响表现为使人多梦、熟睡时间缩短、睡眠质量不高,导致体力恢复不足和工作效能降低。噪声对人心理影响主要表现为烦恼、焦急、讨厌、生气等各种不愉快的情绪。噪声对信息的传递影响表现为使人不易察觉或不易分辨一些听觉信号。可以看出,噪声对人的生理、心理和信息传递等影响较大。

噪声对体力工作的影响最小,但对人的思维活动和需要集中精力的活动干扰极大。在嘈杂的环境里,人们心情烦躁,容易疲劳,反应迟钝,注意力不容易集中等都直接影响工作效率、质量和安全,尤其是对一些非重复性的劳动更为明显。

装备维修工作通常时断时续地发出噪声,如机库中的铆接,机器运转,停机坪上的发动机试验或试车。噪声会干扰交谈,还会影响人的健康。强烈的噪声会引起人的植物性神经系统高度紧张,其结果之一是引起疲劳。经常暴露在强噪声中,会导致听力的永久性丧失;低强度的噪声,会引起暂时的听力丧失。发生在工作场所的这些情况,都会危及安全。由于暂时受到干扰或听力丧失而错过或误解通信内容可能会造成严重后果。

4.3.3 噪声的控制措施

为了防止噪声，根本的办法是取消声源，但是将设备都制造成无噪声、无振动的机械，从技术上说是不现实的。因此，无论是现在还是将来，噪声的控制都是一个重要的研究课题。

噪声干扰的过程一般是声源—传播途径—接收者。因此，噪声控制必须从以下三个方面研究解决：

第一，降低声源本身的噪声级，把产生高噪声的装置或操作更换为噪声低的装置或操作；

第二，减少机械间摩擦，减少气流噪声，减少固体中的声音传播，加强维修保养，及时更新受损零件，不让零部件松动等；

第三，通过改变声源的频率特性和传播方向等措施来降低噪声。

从传播途径来降低噪声也至关重要。噪声有以空气为媒介传播的空气传播声和通过结构体传播的固体传播声。对于空气传播声和固体传播声，可采用各种隔声、吸声、消声、隔振和减振等声学控制技术来降低噪声，利用地形（把噪声源放在凹地）、风向（把噪声源置于主导风的下风向）合理布置，利用绿化掩挡等都能降低噪声。阻断或屏蔽声波的传播，或使声源传播的能量随距离的增加而衰减。

如果上述措施还达不到要求或成本太高，则可让接收者采取个人防护措施，如工作人员实行轮流工作制或使用防护用具等以减少噪声对人的危害程度，但这是一种被动的方法。

4.4 振动环境因素

振动是指任何形式的振荡运动，它的移动幅度以一个点为基准定期变化，是一种广泛存在的自然现象。人体具有复杂的结构，骨骼接近固体物，但比较脆，肌肉比较柔软，具有多个空腔，它们可简化为一个多自由度振动系统。由于人体是具有弹性的，故人体对振动的反应与一个弹性系统相当。身体各部分有各自的固有频率，当人体承受的振动频率与人体某部分固有频率相当或接近时会引起共振。在正常重力环境中，人体对垂直方向的第一共振峰（4～6 Hz）的振动能量传递率最大，其生理效应也最大，在第二共振峰（10～12 Hz）的生理效应次之，在第三共振峰（17～25 Hz）的生理效应最小。随着振动频率的增加，振动能量在人体内的传递率逐渐衰减。振动既能辐射和传播固体声造成噪声危害，同时其本身也具有很大危害。如果人长期在振动环境中工作与生活，人的机体会受到损伤，引发各种疾病，而且强振动还会损坏机器设备和建筑物。因此，应把振动作为环境中影响人的工作效率、舒适和安全的一个重要因素。

4.4.1 振动的基本概念

振动是系统的运动量值相对于某一平均值随时间或大或小交替变化的运动。机械运动时，都或多或少地含有振动，运动中的飞机、火车、汽车就处于振动状态。

振动的程度可用振幅和振动数来表示。振幅可用变位（m）、速度（m/s）和加速度（m/s^2）来表示，振动数用每秒反复振动的次数或 Hz 数来表示。一般讨论的对人体有影响的振动是 1 000 Hz以下的振动。振动包括影响人体全身的全身振动和只对身体的特定部位有影响的局部振动。全身振动指的是 1～80 Hz 范围内的振动；大于 80 Hz 的振动将在身体表面衰减；小于 1 Hz 的振动如发生在交通工具上将引起人的晕车现象等。

长期暴露在强振动环境下，人体神经系统的前庭器听觉系统会发生病症，同时也必然会引起人的心理反应，主要表现为视觉工作效率下降和操作动作准确性变差。振动对机械设备的有害效应包括材料疲劳、机械损坏。因此，应采取措施消除或减少振动，阻止振动的传播。

对振动的控制与防护不能头痛医头，脚痛医脚。振动会引起人的心理和生理的复杂变化，这些变化取决于振动环境的物理特性（频率、强度、作用方向）和暴露时间，以及人的动力学及生理、心理学效应特性。为了尽可能地减轻和消除振动对人体的不良影响，必须应用人-机-环境系统工程的理论和方法，对振动进行控制并为人体提供防护。

4.4.2 航空振动的来源

航空振动环境指的是在维修飞机中人体所接触的振动环境。航空振动能量的来源主要有内部来源和外部来源两部分。

1. 内部来源

内部来源主要是指发动机及其辅助机构。飞机的发动机和机身结构决定了航空振动环境的特点。

(1) 螺旋桨飞机

螺旋桨飞机的振动是很剧烈的，特别是早期装有活塞式发动机的飞机，它的主要频带是 10～1 000 Hz，其中 1 000 Hz 附近以加速度表示的振动强度可达 20 m/s^2。

(2) 喷气式飞机

喷气式飞机由于发动机速度快，振动频率移向 1 000 Hz 以上的高频，工程上易于控制和隔离，相当程度上减轻了人体振动的环境强度，但应注意由外部来源引起的低频振动。

(3) 直升机

这类飞机的振动比较严重，机动飞行时，常有 3 m/s^2 以上的振动。振动频率与旋翼转速及桨叶数有关，其主要频带位于 10～40 Hz。

2. 外部来源

外部来源来自飞机与其周围物质界面的相互动力学作用，如空中的紊流和地面的不平度等。由紊流引起的次声频随机振动（主要频带位于 1～10 Hz）是影响人体的重要应激源。在低空高速飞行的飞机中，飞行员普遍反映振动剧烈，其座椅上的振动强度可达 4 m/s^2 以上。

4.4.3 振动对人体的影响

振动对人体的影响与频率、振幅、加速度、受振动作用的时间和人的姿势有关。

人受到的振动可以分为全身振动和局部振动。所谓全身振动是当振动频率接近或等于人体某一部位的固有频率时，就会产生共振，使生理效应增大。高频振动时，振幅起主要作用；低频振动时，加速度起主要作用。如头部、胸腹腔的固有频率为 6 Hz，眼球的固有频率为 15～50 Hz。所谓局部振动是长期使用振动工具而引起以末梢循环障碍为主的局部振动病，还可累及肢体神经与运动功能。振动病的产生主要受振动频率的影响，而振动加速度则促使振动病加速形成。局部振动病的发病部位一般在上肢末端。

4.4.4 振动的控制原则和措施

1. 振动的控制原则

振动主要有三条控制原则：一是控制根源；二是将传递到人体的振动减至最小；三是使环境振动特性与人体响应特性相匹配，以最大限度地减少振动对人体的不良影响。控制振动传递途径，可应用耦合衰减的方法来控制机械耦合传递，以中断或吸收传递途径中的振动。根据人体振动响应特性，优化处理人体直接接触的振动环境也是振动防护的重要方法，可通过身体姿势、人体支撑系统以及人-机界面的精心设计来实现。人体支撑结构之间常用弹性元件进行被动隔振，柔软的弹性元件可提供舒适性和衰减高频振动。近年来提出的自动反馈技术的主动隔离系统可提高低频隔振能力。人-机界面也应根据人体振动标准并结合人体工程学要求进行专门设计，以形成适宜的座舱环境条件。

2. 振动的控制措施

对于固体传播声来说，在其传播前应考虑如何减小冲击和振动，振动绝缘是必须采取的方法。具体做法有在声源处绝缘和在接受噪声处的附近绝缘两种方法。可采取下列措施消除或减少振动、阻止振动的传播：

第一，隔离振源。

第二，采取减振措施，缓冲振动对人的影响。

第三，降低设备减振系统的共振频率。

第四，缩短人员暴露于振动环境的时间。

4.5 照明环境因素

在人机环境系统中，人要从外界接受各种各样的感觉信息，其中，视觉信息占80%以上，其余的大部分是听觉信息。照明是视觉感知的必要条件，由此知道各种物体的形状、大小、位置和颜色。通过视觉获得信息的效率和质量与视觉特性和照明条件有直接关系，照明条件的好坏直接影响视觉获得信息的效率与质量。照明对工作的影响表现为能否使视觉系统功能得到充分发挥。照明与工作效率、工作质量、安全及人的舒适、视力和身体健康有着重要的关系。

4.5.1 维修环境对照明的需求

飞机维修中最重要的工作环境因素之一是照明。要提供包括修理与检查的所有维修工作区域的充足照明是非常困难的，许多特殊任务的照明是通过手持电筒提供的。这样照明的好处是便于携带和不需要安装时间，不利之处是缺少亮度和通常需要占用一只手，因此维修工作或检查活动只能用另一只手来完成。

在飞机结构内部和狭窄空间内执行维修与检查任务时的照明问题更为突出，内部结构挡住了工作的区域照明，同样，狭窄的设备舱也无法利用机库环境照明，在这种情况下，应提供特殊照明。

室外、夜间维修活动需要特别注意对照明的需求。大量航空装备维修是在室外夜间条件下进行的，由于不具备充足的便携照明设备，或者获得并安装这些设备需要花很多时间，故会造成不良趋势的形成，即仅靠手电筒或机库开着的门透出的灯光来照明，管理人员必须意识到提供和要求使用充足的区域照明和任务照明的重要性。

4.5.2 照明环境对工作的影响

照明环境对工作的影响表现为能否使视觉系统功能得到充分发挥。

1. 照明与疲劳

良好的照明条件可以改善人的视觉条件（生理因素）和视觉环境（心理因素）。合适的照明能提高近视力和远视力。在照明条件差的情况下，维修人员长时间反复辨认对象物，可使视觉持续下降，引起眼睛疲劳，严重时会导致维修人员的全身性疲劳。眼睛疲劳的自觉症状有眼球干涩、怕光眼痛、视力模糊、眼球充血、产生眼屎和流泪等。视觉疲劳可通过频闪融合值、反应时间或眨眼次数等方法间接测定。

2. 工作效率

改善照明条件不仅可以减少视觉疲劳，而且会提高工作效率。因为提高照度值可以提高识别速度和主体视觉，从而提高工作效率和准确度，达到减少差错、提高维修质量的效果。舒适的光线不仅有助于提高手工劳动的工作效率，而且能提高要求记忆、逻辑思维的脑力劳动的工作效率。实验表明，当一个人闭目思考时，他的思考能力会有所下降。

某些依赖于视觉的工作，对照明提出的要求则更为严格。照明提高到一定限度，可能引起目眩，从而对工作效率产生消极影响。研究表明，随着照明增加到临界水平，工作效率便迅速得到提高；在临界水平上，工作效率平稳；超过这个水平，增加照明度对工作效率的提高很小或根本无所改善，甚至下降。

由于眼睛的调节能力随年龄的增加而下降，因此，年龄增加将导致眼睛调节时间延长。如果所从事的是视觉特别紧张的工作，则高龄人比青年人更加依赖于照明。以某些目视作业为例，如果以 20 岁的适宜照度为标准，对 40 岁的人应提高 1.5 倍，50 岁的人提高 2～5 倍，60 岁的人提高 7 倍。

3. 安　全

人在工作环境中进行生产活动，主要是通过视觉对外界的情况做出判断而行动的。若工作环境照明条件差，维修人员就不能清晰地看到周围的东西和目标，容易接受错误的信息，从而在操作时产生差错导致事故。

事故的数量与工作环境的照明条件有着密切的关系。统计资料表明，事故产生的原因虽然是多方面的，但照度不足是其中重要的影响因素之一。

视觉疲劳是产生事故和影响工作效率的主要原因。人眼在亮度对比过大或物体及其周围背景发出刺目和耀眼光线时，即在眩光状况下，会因瞳孔缩小而降低视网膜上的照度，并在大脑皮层细胞间产生相互作用，使视觉模糊。眩光在眼球介质内散射，也会减弱物体与背景间的对比，形成不舒适的视觉条件，进而导致视觉疲劳。

4.5.3　照明环境的改进措施

在满足照度的前提条件下要想创造舒适的照明环境，应由量向质的方向转化，因此，讲究照明和颜色的协调是创造舒适照明环境的关键。

1. 照明环境的设计

① 满足合理的照度平均水平，各种作业环境照度要满足照度标准，要考虑视功能随年龄增长而下降的因素；

② 在同一环境中，亮度和照度不要过高和过低，也不要过于一致而显得单调；

③ 光线的方向和扩散要合理，避免产生干扰的阴影，但还应保留必要的阴影，使物体有一种立体感；

④ 不要让光源光线直接照射眼睛而产生眩光，而应让光源照射物体或物体的附近，只让反射光线进入眼睛，以防止晃眼；

⑤ 光源光色要合理，光源光谱应具有再现各种颜色的特性；

⑥ 让照明和颜色相协调，使氛围令人满意。

2. 照明方式

航空装备维修工作的照明通常采用自然照明、人工照明和混合照明三种方式。人工照明按灯光照射范围和效果分为一般照明、局部照明、综合照明和特殊照明。选择何种照明方式与工作性质和工作场地布置有关，照明方式不但影响照明的数量和质量，而且关系到设计投资及使用费用的经济性、合理性。

3. 光源选择

按光源与被照物的关系，光源分为直射光源、反射光源和透射光源。

室内采用自然光照明是最理想的，因为自然光明亮柔和，为人们所习惯，光谱中的紫外线对人体生理机能还有良好的影响，因此应最大限度地利用自然光。但是，自然光受昼夜、季节和不同条件的限制，所以在工作环境中常常要用人工光源做补充照明。使用人工光源时，应注意其光谱成分，使其尽可能接近自然光。

4. 避免眩光

视野内出现的亮度过高或对比度过大，使人感到刺眼并降低观察能力的光线称为眩光。眩光视觉效应的危害主要是破坏视觉的暗适应，产生视觉后像，使工作区的视觉效果降低，产生视觉不舒适感和分散注意力，造成视觉疲劳。

防止眩光产生的措施包括限制光源亮度、合理分布光源、将光线转为散射、改变光源或工作位置、适当提高照明亮度。

5. 照度均匀度

当工作区域照度不均匀时，维修人员易产生明暗适应过程。这不仅使眼睛感到不舒服，而且还会降低视觉能力。如果经常交替适应，必然导致视觉疲劳，使工作效率降低。所以，被照场所应力求照度均匀。

6. 亮度分布

环境照明不仅要使人能看清对象物，而且应给人以舒适的感觉。因此，要求视野内有适当的亮度分布，这样既能造成工作处有中心感的效果，有利于正确评定信息，又使工作环境协调，富有层次和愉快的气氛。

4.6 色彩环境因素

太阳光里含有红、橙、黄、绿、青、蓝、紫7种色光。波长在380～780 nm的为可见光；波长超过780 nm的电磁波为红外线，波长短于380 nm的电磁波为紫外线，二者均属不可见光。色彩是由于某一波长的光谱入射到人眼，引起视网膜内色觉细胞兴奋而产生的视觉现象。色彩可分为彩色系列和无彩色系列(如白色、黑色及其两者按不同比例混合而成的灰色)。色彩是物理属性、人体视觉的生理特性以及人的心理属性的综合反映。

色彩可以引起人的情绪性反应，同时影响人的行为。产生这种反应的原因，一是人的先天因素；二是人体过去经验的潜意识作用。人们通过色彩视觉从外界获得各种不同的信息。好的色彩环境有助于提高工作效率，减少或避免差错，提高人对信号、标志的辨别速度，并且可以加快恢复人的视觉能力，减少疲劳等；坏的色彩环境将影响人的心理情绪和视觉功能，从而影响工作效率。

4.6.1 色彩对工作的影响

色彩的生理作用主要表现为对视觉疲劳的影响。由于人眼对明度和彩度的分辨力差，在选择色彩对比时，常以色调对比为主。对引起眼睛疲劳的色彩而言，蓝、紫色最甚，红、橙色次之，黄绿、绿、绿蓝等色调不易引起视觉疲劳且认读速度快、准确度高。

色彩对人体其他机能和生理过程也有影响。例如，红色色调会使人的各种器官机能兴奋和不稳定，有促使血压升高及脉搏加快的作用；蓝色色调会抑制各种器官的兴奋使机能稳定，有降低血压及减缓脉搏的作用。另外，红、橙、黄系列的颜色使人感觉温暖，称它们为暖色；蓝、绿、紫系列的颜色使人感觉寒冷，称它们为冷色。

色彩与工作效率是一个值得重视的研究课题。研究表明，对于那些光线不足，或者易使人感到冷落、闭塞的工作环境，刷涂白色、淡黄、蓝绿色来改变照明效果，可造成明朗气氛。在温度较高的工作环境中，刷涂草绿、浅蓝、蟹青一类的冷色彩，会使人有凉爽感。而对那些温度较低的场所，刷涂朱红色一类的暖色，则可使人产生暖热感。在多噪声的工作环境刷涂绿色、紫罗兰色则可增加环境的安静感。

色彩可用来预防事故，如一些危险品、重要开关、报警信号灯等，一般都采用红色作标志。这是因为红色光波在空气中传播距离最远，易于被人发现，可以改善工作环境的安全条件。因此，规定某种颜色以代表某种危险情境，使人“自动”地对危险做出反应，这就是颜色体现出的编码功能，所采用的这些颜色，又可称为安全色。常用的表示危险和注意的颜色如下：

① 红色表示危险、暂停、停止、禁止。红色是指示火警和火警系统的规定用色。

② 黄色表示小心、注意。为了醒目也常与黑色一起使用。黄色和黑色是起警告作用的颜色。

③ 橙黄色用于防护罩的旋转部分，防轧伤。

④ 绿色表示安全、正常。

⑤ 蓝色主要用于标志、说明等。

颜色也可用于地址编码等，如可根据各工作场所的内在特点涂上不同颜色，以便维修人员能尽快找到。

4.6.2　色彩的调节和改善措施

在环境设计中，形、色是两个最重要的形式因素。在视觉效果上，色先于形，色比形更富有吸引力。色彩具有先声夺人的魅力，环境用什么颜色好看，用什么颜色不好看，这就决定于色彩的选择和调配。

1. 色彩的调节

根据颜色的效果，合理地选用颜色，适当组合颜色，在工作场所构成一个良好的颜色环境，就叫作色彩调节。正确的色彩调节可以得到如下效果：

① 增加明度，提高照明设备的利用效果。

② 提高对象的生理、心理上的效果，含义明确，容易识别，容易管理。

③ 注意力集中，减少差错、事故和消耗，提高工作质量和工作效率。

④ 发挥颜色对人心理和生理的作用，使人精神愉快，减少疲劳。

⑤ 改善劳动条件，使环境整洁，有美感。

2. 色彩环境的改善措施

讲究照明和颜色的协调是创造舒适的照明环境的关键。对于视觉环境来说，只强调舒适性是不够的，还要针对使用对象来确定照明和颜色的氛围。颜色环境的设计可采用颜色仿真法，最大限度地改善或提高室内照明环境，使其满足具体的使用要求。

4.7　工作空间和使用用具

4.7.1　工作空间的设计原则

1. 基本原则

为使工作空间满足合理、经济、舒适、安全的要求，应遵循以下原则：

① 必须从人的要求出发，保证人的安全与舒适。

② 根据维修要求，首先考虑总体布置，再考虑局部设计。

③ 要从实际出发，正确处理安全和高效的关系，最大限度地减少维修人员的不便和不适。

④ 要把重要的设备、显示装置和操纵装置等布置在最佳工作范围内。

⑤ 设备布置要考虑到安全。

⑥ 要根据人的生理、心理特点来布置设备、工具等，尽量减少维修人员的疲劳，提高效率。

⑦ 要考虑维修人员的最佳工作姿势、维修动作及动作范围。

2. 与人体有关的设计原则

在设计工作空间时，必须考虑人体尺寸的约束条件，以我国成年男子身高为基准，女性约为男性的 0.934 6 倍。

(1) 坐姿的活动空间

当需要连续和较长时间操作、需要精确而细致操作、需要手足并用操作时，宜采用坐姿。

(2) 立姿活动空间

当维修对象数量较多，分布区域较大，且需要手和脚做大幅度活动而坐姿维修又不方便时，一般采用立姿。

(3) 脚工作活动空间

当操纵力较大，控制精度要求不高时，采用脚操纵装置。

(4) 最佳工作空间范围

维修人员工作时肢体运动线路最短、最舒适、效率和准确性最高的工作范围称为最佳工作空间范围。

4.7.2 工作空间的设计

1. 工作空间的布置

工作空间的布置是指工作空间限定以后，确定合适的工作面显示装置和维修的位置。应注意以下几个方面：

① 按维修重要性原则布置。可以减少或防止因误操作引起的意外事故或伤害。

② 按使用顺序原则布置。缩短维修距离，节省维修时间，提高工作效率。

③ 按使用频率原则布置。可以使维修人员方便迅速地维修，减轻疲劳程度。

④ 按使用功能原则布置。可以符合维修人员的习惯，便于记忆管理。

上述原则的采用可根据具体情况决定，一般以一个原则为主。在四个原则都可以使用的条件下，按使用顺序原则布置。

2. 工作空间的具体设计

① 坐姿空间设计。人体上肢的最舒适工作区是一个梯形区。

② 立姿工作空间设计。基本与坐姿设计相似，分为精密工作、一般工作和重荷工作三种不同的工作面。

4.7.3 使用用具的设计

由于航空装备维修工作要求十分严格，如果违反规定，使用不合格的用具，极易造成维修差错。因此，在工作过程中，必须使用规定的用具。

1. 工具/零部件

① 设备和工具指非破坏性测试设施、工作台、校准过的扭矩扳手、螺丝刀、测试盒以及维修过程中要用到的特殊工具。

② 零部件指飞机需更换的部件。

2. 显示装置

显示装置分为视觉显示、听觉传示、触觉传递，对显示装置的要求是：

① 信息显示方式简捷明了。

② 显示精度与要求一致。

③ 显示形式与人的操作能力和习惯匹配。

④ 显示变化速度与人的反应能力匹配。

3. 控制装置

① 快速而精确度高的操作一般采用手控或指控装置，用力的操作则采用手臂及下肢控制。

② 手控制器应安排在肘和肩高度之间且容易接触到的位置，并且容易看见。

③ 紧急制动的控制器要尽量与其他控制器有明显区分，避免混淆。

④ 控制器的类型及方式应尽可能适合维修人员的特性，避免出现维修失误。

第5章　现代航空装备维修安全文化

人类对安全问题的需求同衣、食、住、行一样，构成了人类生存与发展的最基本的需求层次。所以，安全问题的历史很悠久，可以说，自有人类活动以来就存在安全问题。早期的社会生产力不发达，人类活动比较单一，安全问题主要表现在人与自然环境的相互关系上，如应付自然灾难、野兽袭击等。那时的认识水平很低，只能停留在低层次的感性认识与经验的范围，谈不上理论。随着生产力的发展，生产工具的变革，到了近代，机械（机器）和工业化有组织的社会活动出现了，人与机械的交联关系逐渐变得复杂起来。加之社会生产活动的规模化，人与机械共同活动的数量与规模扩大。这时，人类活动所及的空间除自然环境外，又多了一个工作环境。有人把前者称为“第一自然”，后者称为“第二自然”。人-机-环境相互之间增加了交联关系，要协调的因素增加了，不协调的可能性也随之增加了。当然，不安全的机会也就多了。事故的多次发生教育人们不得不从教训中深化自己对安全问题的认识，研究如何消除不安全，寻求在安全条件下达成既定目的的方法。

所以说，人对安全问题的需求是安全问题理论认识的动因，社会发展的实践是安全问题理论认识发展的条件，安全文化是认识安全问题的关键。

5.1　航空装备维修安全理论概述

目前，关于航空装备维修安全理论基本概念的普遍说法是：航空装备维修安全理论是研究在飞机的维修活动过程中出现空、地事故的成因、特点，规律性，以及预防事故的手段、措施和制度的一门学科，是一门与事故进行斗争的学科，也是运用现代科学理论与方法，以人-机-环境为主要研究对象，用系统工程的方法研究维修安全及安全管理的理论，又是协调维修过程各种因素、制订安全法规及措施，以避免人、机非正常损失的一种活动。从结构体系来看，它是航空维修学科的一个分支。从其自身的结构看，它是现代科学技术与飞行安全实践相结合的产物，是一门综合性工程学科。其要点，一是保证飞机在部署使用以前及早地具备足够的安全度；二是在使用中能够较好地通过现场的维修保持原有的安全特性；三是在飞机发生事故以前，能够对与维修有关的安全性做出分析、判断与评价，并施以维修控制，保证事故通过维修得以消除。

5.1.1　安全问题理论历史沿革

有关安全问题的理论在很长时间内处于积累阶段，且分散存在于各工程学科的理论之中，真正把安全问题的理论作为一个特定的研究对象，有组织地进行研究，是从20世纪初才开始。第二次世界大战以后，有人开始把安全问题提到“工程”的高度去研究，并出现专著和实践应用。有资料表明，日本在1905年因事故死亡13 409人，1913年死亡134 782人。1911年创立

“安全第一”协会，并举办防灾展览会，开始实行全国安全周活动，1942 年成立安全研究所，20 世纪 70 年代从美国引进安全工程理论。美国在 1961 年由空军最早提出安全性设计问题，1962 年 9 月制订了《兵器系统安全标准》，1977 年又颁布了《系统安全程序规范》。

有关安全问题理论的发展过程是一个从分散到综合、从局部到系统的递进过程。先是局限于一个操作岗位的范围，然后又从纵的方面向系统与行业综合，进而又从横向上出现跨行业的综合。

从纵向上看，早期的机械设备比较简单，所处的环境也不复杂，安全要求主要集中于人操作动作的训练上。随着机械的复杂化，仅要求人适应机械已经不能保证安全，人们开始从机械要适应人的特点出发，改进机械的结构设计，出现机械自身的安全保险装置。当技术设备更加大型化、复杂化之后，只从人-机两个方面采取措施难以确保安全，必须把环境因素考虑进去，人-机-环境构成了具有互相依存与制约关系的系统，从而进入了安全系统工程阶段，安全工程管理占据主导地位。现在工程上的安全问题，早已从安全操作、安全设计进入了高层次的安全工程管理阶段，这是安全理论的突破性变化。

从横向上看，各种不同的工程行业，开始都是从行业自身特点出发研究自身的工程安全。自从安全系统工程管理思想提出之后，加之现代科技的飞速发展，学科之间相互渗透，出现了系统论、控制论、信息论以及协同论、突变论、耗散结构论等学科理论，安全工程理论开始进行跨行业的综合。飞行安全、航海安全、铁路安全、矿山安全、建筑安全等不同行业，在安全问题上存在着共同的理论构架。近期产生的一批灾变学(灾害学)专著就是安全工程理论横向综合的结果。这样，安全问题的理论认识在纵、横两方面相互作用下，进入了一个新的发展阶段。

航空维修安全理论认识也是经历了上述从低到高的认识过程。随着当代科学技术与军事装备的迅速发展，以及战争形式的深刻变化，航空技术装备成本价格猛增，装备所运行的环境也更加恶化。尽管飞机的安全性设计也达到空前水平，但各种原因造成的航空事故仍在发生，其中有相当一部分是由于维修原因造成的。

航空事故损失惨重，影响很大，对人们心理也产生了较大影响。一架大型客机发生空难足以震惊世界，所以，防止航空事故是航空安全理论产生与发展的动因。随着航空维修安全实践的逐步丰富与认识的深化，航空维修安全理论已经成为航空维修科学发展的主要分支，作为一门学科，其理论体系的构架也正在建设之中。

5.1.2　航空装备的安全性

《质量管理术语》定义航空装备的安全性为“不导致人员伤亡，不危害健康及环境，不给设备或财产造成损坏或损伤的能力”，MIL-STD-882D(系统安全标准实践)的定义为“远离能够造成人员死亡、职业病、设备损坏、财产损失或环境损坏状态的能力”。航空装备的安全性就是指在执行飞行任务时不导致飞行事故的能力，包括安全裕度、防差错特性、抗干扰特性等，是设计、制造赋予航空装备的质量属性，也是设计必须满足的首要特性。

航空装备的安全性贯穿在航空装备从生到死的全过程。在论证阶段，应根据装备的使用特点，对装备安全性进行充分论证，提出合理、完整的装备安全性要求；在研制阶段，必须将相关的安全性要求落实到装备设计和生产中，并进行航空装备质量安全信息的收集、整理、存储、统计、分析和交流工作，监控质量安全问题的闭环管理情况，促进问题的查处和归零；在装备定型前，必须对安全性的关键指标进行充分验证；在装备使用过程中，必须采取有效的安全性监控手段，及时发现存在的隐患，防止事故的发生；一旦发生事故后，应排除一切外因的影响，设法查明事故的真正原因，进而改进设计、使用或维修保障方法，以提高装备的安全性，预防同类事故再次发生。只有以上几个环节构成闭环控制，才能真正保证装备的安全性。

5.1.3 航空装备的系统安全

系统安全是现代安全科学的基本理论观点。正是这一深刻的理论思维引导着我们找到改善航空装备安全的正确途径。

为了改善安全，自古以来人类常用的方法是在发生事故之后就事论事，采用“亡羊补牢”的做法，直接堵塞事故中暴露出来的漏洞。只是到了近代，随着管理科学的进步，人们开始着眼于整个组织的安全体系，采用系统工程的科学方法，发展了安全系统工程，从而大大推进了安全研究，并使安全科学作为一门独立的综合学科逐渐成长起来。然而组织的安全与组织的其他功能是相互依存、密不可分的，特别是信息社会的到来，总体优化要求各个部分、各种功能相互渗透、相互结合、相互协调，即时通信手段使得这种渗透、结合、协调得以快速实现。在这种情况下，再把组织的某个方面分离开来考虑显然是不科学的。安全科学顺应这种发展，把安全纳入组织这个大系统，作为其一种基本状态、基本属性来考虑，从而形成了系统安全的观点。

从系统安全的观点出发，安全可定义为系统的一种“无危险的状态”，或者一种“免除不可接受的伤害风险的状态”。这就是说，“安全”与否要看“状态”如何。发生了事故，证明危险存在，当然是不安全的；没发生事故，也并非可以“高枕无忧”，有可能潜在的危险在发展，仍然可能是不安全的。改善安全要从改善系统的状态入手，消除可能的潜在危险，或者让系统自身能防范、抵御危险。

系统安全的观点是航空装备安全理论的基础，其内涵十分丰富。

1. 主动的、前瞻的事故分析

任何时候事故对于安全管理而言都是用鲜血换来的宝贵财富。但过去对待事故采用的是一种被动的、就事论事的态度。事故发生后，只是针对直接原因和责任者进行处理。这种做法虽说短期内可能会起一些作用，但长远来看可能会带来更多的问题。Glendon 和 Mckenna 在 1995 年描述的“决策失败循环”就很能说明这种过程的危害性。“决策失败循环”的描述如下：

一个问题发生—就事论事提出一个解决办法，也不考虑有没有其他选择—不考虑其他方面就针对这个解决办法做出决策—被忽略的问题出现—为消除这些问题带来的冲击，坚持原来的解决办法就要做出更大的努力—耗费更多的资源（人力、财力）—失败发生—更多的新问题产生。

这种孤立、片面、静止地看问题的方法不符合客观事物的发展规律，往往会导致错误和失败，而且越是坚持，代价会越大。

而系统安全的观点认为，任何事故的发生都是由于系统自身存在缺陷。事故的原因常常不是单一的，而是一系列事件的结果，每一个不安全事件又有多层次的原因。分析事故就要验明所有这些原因，找出系统的薄弱环节，然后最优地利用可获得的资源，按照预先排定的优先次序，积极主动地完善整个系统，使系统更加“健康”，这完全不同于治标方法，而是着眼于治本。这种方法使每次投入都会产生持久的效果，是安全资源的最有效利用，这种方法将使系统越来越完善，安全状况越来越好，是良性循环的推动力。过去，吃过不少没有科学分析透事故的苦头，由于未能找到本质原因，真正吸取教训，致使有些事故多次重复发生，使本来可以避免的损失也未能幸免。当前，用系统安全的观点重新审视我们对待事故的方法和态度势在必行。

2. 管理层在安全方面的决定性作用

过去，由于分析事故局限于直接原因，安全问题往往归结为一线工作人员的失误。自系统安全的观点发展以来，分析事故原因向纵深方向发展，管理层在安全方面的决定性作用也就随之突显出来。现在航空界广泛接受的是曼彻斯特大学李森博士(Dr. James Reason)的分层次模型，如图 5.1 所示。

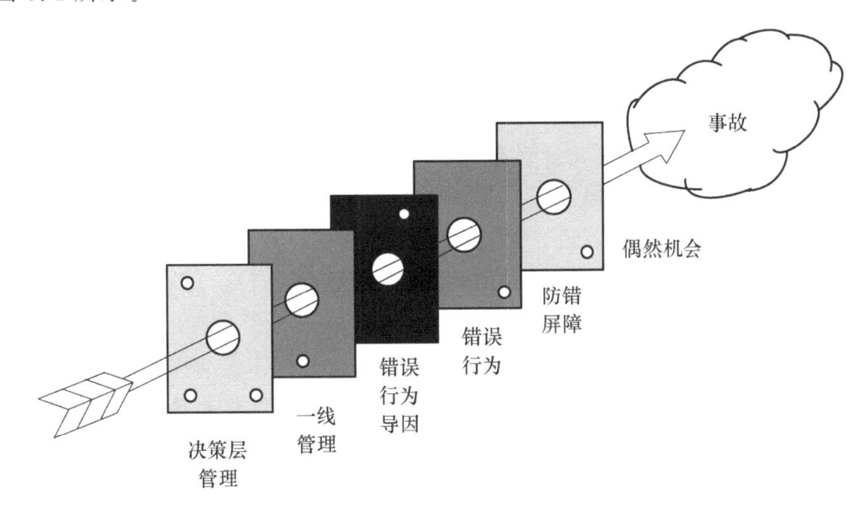

图 5.1　李森的“防护屏障”层次图

维修人员的不安全行为当然是事故的直接原因，但这些差错行为是在一定条件下发生的，而这些条件又取决于管理层。事实上，管理层，特别是决策层提出要求、规定制度、控制资源，主宰着系统的运行方式，规定了维修人员的工作环境和文化氛围。维修人员的每一个差错几乎都可以从管理方面找到原因。当然这不是说维修人员的差错可以原谅，而是说根治系统要从管理层抓起。

3. 发展系统的防错、容错能力

防错、容错是现代化大系统的一个极其重要的安全属性，李森用“防护屏障”层次代表了这一机制。

在设备设计方面早就注重了这种能力，例如电气设备的“本质安全化”设计，指的就是不通过外部采用附加的安全装置和设备来提高可靠性的设计。

未来航空装备是“以人为中心的自动化”系统，航空装备是买来的现成产品，如何使维修人员与这些安全属性已经确定的现成产品协调起来，实现“本质安全化”，将是问题的焦点。应当承认，人存在犯错误的可能，即使是优秀的航空装备维修人员也有可能犯错误。因此，如何使人-机系统具备防错、容错能力，是摆在航空装备安全管理人员面前的紧迫课题。

尽管有许多航空装备人-机系统的防错、容错具体做法，但未将其作为一个系统问题全面考虑。有的环节防护很严，但有的环节却很脆弱，一个人搞错，整个系统就会崩溃，没有任何余度；有些关键工作虽有防错，但对防错者没有“防错”，致使防错流于形式，失去防护功能。比如，强调按程序操作，但程序特别是翻译的程序中有不少错误，或者未能及时更新换页，却没有引起足够的重视。如现在广泛使用的计算机，如何防止输入错误？这些问题都需要全面系统地加以考虑。

4. 管理信息，发现隐患

系统安全的观点认为系统是发展变化的，而控制系统工作的关键因素是信息。一个安全状况不好的系统，如果能使信息合理地流动起来，管理者能有针对性地及时采取有效措施，不断改善系统，则系统可步入良性循环，变得越来越“健康”。相反，一个多年无事故的单位，如果安全信息不流畅，思想麻痹，盲目乐观，隐患不能及时被发现并消除，则会潜伏发展，形成危险，最终发生事故。

未来的航空系统与过去相比将更加复杂，发展变化更加快速，分布的地域也更加广泛，许多事情都可能是管理者考虑或顾及不到的，因此对维修人员亲身经历的问题、所犯的差错、产生的疑惑及时做出报告，对于把握安全状态、发现隐患将会越来越重要。而且这类安全信息的广泛交流还会使整个航空装备维修部门受益。为了鼓励报告，航空发达国家已经建立并且还在发展各式各样的报告系统。美国近来建立的GAIS系统(综合分析信息系统)不断收集本国的报告，还与英国、日本等国的航空公司联网，收集并分享信息。

未来的航空装备系统将产生大量数据，虽然原始数据不等于是有用的信息，但高效地处理这些原始数据，把有用信息提取出来加以利用，是已提上议事日程的关键问题。此外，还有建立各类数据库，累积数据，经科学分析找出规律、判明趋势、预测发展等一些信息加工工作，以往属于科学研究的范畴，今后会成为日常安全管理工作的重要手段。

总之，信息时代，从信息的收集、信息的加工到信息的利用都会大大不同于以往。航空装备的安全、效益和发展将在很大程度上取决于信息管理工作的质量和效率。

5. 安全是系统的基本属性

按照马斯洛(Maslow)的动机理论，安全是人类最基本的需要之一。人从事的任何活动都要求具有可接受的安全性，只不过活动的性质不同，可接受的安全水平不同而已。不管哪类活动，在考虑活动时总是要同时考虑安全问题。

系统安全的观点把安全作为系统的一个基本属性来看待，认为安全目标是组织总体目标的基本要素，安全工作是组织总体工作的不可分割的组成部分。在安排工作时，要同时安排安全工作，使安全工作与其他工作协调配合，相互促进，形成综合优势；在规划发展时，要首先规划安全，使安全成为完成组织任务的有效保障，形成优化组合，达到持续、健康、快速发展的目的。毫无疑问，航空装备维修是要保障安全，安全与效率的关系就如同人的健康与工作的关系。与以往的安全系统工程的原则区别之处就在于，系统安全的观点不赞成把安全从组织的总体目标中分离出来单独加以考虑。航空装备维修冒不应有的安全风险去追求效率，最终会损害航空装备维修的长远效益；而脱离实际的安全投入和限制，会扼制航空装备的发展，最终也会使安全失去意义。

竞争更加激烈的信息技术将使系统更加一体化，并且总体优化将是系统生存更重要的条件，因此安全工作与其他工作必然是相互渗透、相互融合的。只有系统安全的观点才能适应未来系统这种紧密联系的实际，因此也是未来安全理论发展的必然方向。

综上所述，人类对安全的认识经历了从被动到主动，从孤立静止到系统动态，从局部到整体的发展过程。任何科学越是发展，越需要辩证的思维，安全科学也不例外。

追溯起来，西方安全认识的发展只不过近百年，系统安全理论的形成更是近几十年的事。但我们的祖先，不仅自古以来就十分重视安全，而且几千年前就形成了辩证的安全观。众所周知，中医治病就是从整体出发，反对“头痛医头、脚痛医脚”的做法，主张辩证施治，调理阴阳，标本兼治，治本为主。像“蝼蚁之穴，溃堤千里”这样的安全警句，告诫人们小的漏洞、隐患是会发展变化的，弄不好就会导致灾难性的后果。先贤告诉我们，抓安全要善于发现“征兆”，要把事故的苗头消灭在“微萌”状态，要“治于未乱”，等病了再来求医就晚了。老子的“祸福相依”思想更是深刻地揭示了事物的两重性，告诉人们安全与不安全是会相互转化的，安全形势好的时候不能丧失警惕性，安全形势不好的时候也不必灰心丧气。这些光辉的思想与上述系统安全的观点都十分相近。按照辩证唯物主义的观点，事物的发展呈螺旋上升之势。

5.1.4 航空装备维修安全特性

研究航空装备维修安全要借助于整个工程领域的安全理论研究成果，以普遍性安全工程的规律为指导。但是，不能简单搬用普遍性规律，而应从航空装备维修工程实际出发，弄清航空装备维修工程自身的特殊性，使普遍性与特殊性相结合，着重研究航空装备维修安全工程的特殊规律，这样才能使航空装备维修安全理论具有指导航空装备维修工程实践的意义。

航空装备维修安全具有空间使用、状态多变和环境复杂等主要特性。

1. 空间使用

航空维修所作用的对象是航空装备，这是与其他维修行业的主要区别。因此，航空装备的使用特点就构成了航空维修工程与其他维修行业的本质区别。

航空装备的使用特点是：特殊的使用空间（空中使用）要求有特殊的安全保障。道理很简单，飞机在空中出现了故障不能像汽车那样停下来进行修理，而必须回到地面才能进行维修调试，这就叫作“准单次系统”。这一特点使得对安全性的要求更加严格，从而使航空装备维修比起其他行业的维修更具有风险性。

2. 状态多变

航空装备维修与其他装备维修不完全相同，一般的装备使用状态相对固定，而飞机必须快速反应，高度机动，其使用状态要复杂得多，相应地，装备的安全性也有特殊要求。在装备的使用期间，满足这一特殊要求主要依赖航空装备维修来完成。

3. 环境复杂

航空装备维修所依托的环境（包括自然环境与工作环境）比其他工程行业相对复杂和特殊。由于维修对象正常的使用状态是升空飞行，活动空间不固定，短时间内要在立体大范围内进行机动，时间上的限制与空间上的高度拓展，导致装备在短暂的瞬间经受了气温、气压、湿度等自然环境的悬殊变化。航空装备维修为了与之适应，要达到在各种环境条件下使装备都有足够的安全度；加之，装备是当代科技浓缩体，要在多种专业分工情况下，在机上狭小的空间同时交叉作业。这些特点是工厂车间固定生产线的生产操作环境所没有的。

5.2 航空装备维修安全文化的内涵

近年来，国内外的安全专家和学者为了彻底解决困扰人类的安全问题，对美国三哩岛核事故和苏联切尔诺贝利核事故进行反思和研讨，领悟到事故发生的原因不仅仅是设计上的缺陷，而且关系到个人操作失误和组织管理失误的人因问题。专家一致认为，如果这个问题不解决，事故将难以避免。也就是说必要的体制和管理方法、良好的维修设施和安全设备、完整的法律制度和规章标准对于保证安全仍然是不够的，还需要管理者和维修人员对安全问题的正确态度，包括丰富的知识、科学的见解、严格地执行规章制度、高度的事故警惕性、准确的判断能力、强烈的工作责任感等文化内涵。因此，安全文化被提到一个十分重要的位置。

5.2.1 安全文化的概念

在1991年国际核安全咨询组(INSAG)出版的《安全文化》一书中，对安全文化的定义为：安全文化是存在于单位和个人中的种种特性和态度的总和。它建立了一种超越一切之上的观念，即航空维修的安全问题由于它的重要性要保证得到重视。

这个定义把安全文化与单位工作特点以及单位和个人的态度观念、思维方法、作风习惯等联系起来了。强调安全文化既有态度问题，也有体制问题；既有个人问题，也有单位问题。根据航空装备维修的特点和危险性质，提出必须在绝对安全的条件下和不伤害人民身心、不危害环境和财产的前提下，实现人类安全利用航空。把安全文化定为超越一切之上的观念，把安全在航空运行中提到至高无上的压倒一切的地位。安全文化既是抽象的理论又是符合实际的全新概念，已为国内外仁者智者所接受，国内外一些安全专家和学者以及工业决策人已经把它应用到核电以外的生产领域，认为只有把文化这个概念引入安全领域，让文化注入安全之中，让安全有文化的内容，使安全成为一种文化，把安全提到高层次予以认识，才能使所有参与执行和处理安全问题的单位和个人有正确的理解和正确的行动，从而发挥安全文化的特殊作用，实现维修过程零事故的突破。

5.2.2 航空装备安全文化研究的范围

目前，安全文化在我国有不同的表述，有的文章将其表述为“是将职员、管理人员、顾客、供给人员及一般公众暴露于危险或有可能造成伤害的条件降低(减少)到最低限度，为此目的而建立起来的规范、信念、任务、态度和习惯的集合”。也有的文章表述为“在人类生存、繁衍和发展的历程中，在其从事生产、生活乃至实践的一切领域内，为保证人类身心安全(含健康)并使其能安全、舒适、高效地从事一切活动，预防、避免、控制和消除意外事故和灾害(自然的或人为的)；为建立起安全、可靠、和谐、协调的环境和匹配运行的安全体系；为使人类变得更加安全、康乐、长寿，使世界变得友爱、和平、繁荣而创造的安全物质财富和安全精神财富的总和”。这些表述，有的是广义上的表述，包括物质安全文化和精神安全文化两个方面；有的是狭义上的表述，主要指精神安全文化。它们的共同之处——安全文化的基本宗旨是保护人的身心安全，具有社会属性和自然属性，它是人类文化的组成部分，也是某一组织文化的一个方面。应用到某个领域，即为那个领域的安全文化，既涉及那个领域人的观念、态度、认识、技能、行为等个体人文要素，也涉及那个领域的组织、机制、规范、信息流、技术流等群体人文要素和物态环境；既是那个领域安全管理的基础，也是那个领域人员思想和行为的准则。通过个人和组织的响应，建立安全至上的观念，提高群体安全文化水平，用文化的功能使人员牢固树立“安全第一”的思想和观念，实现安全维修。因此，有的文章认为，安全文化是航空装备文化之本，是航空装备管理的灵魂。

5.2.3 安全文化与航空装备维修的关系

沿着安全文化这条线索去探索思考，根据人、机、信息、环境等微观因素和安全决策、法律规章、管理体制、运行机制等宏观因素，站在保证飞行安全的历史角度，提高层次，扩大视野，进行全面、综合和科学的分析，不难发现，引发飞行事故不断发生的根本原因是人的安全文化问题没有解决，与航空装备维修人员的安全文化素质偏低、群体安全意识淡薄、整体安全技能水平不高、宣传安全文化力度不够直接相关。

航空装备的维修活动虽然是在地面进行的，但是其使用是在空中进行的，航空装备维修是一个高科技、高投入、高风险的行业，具有核电生产类的特点，因此，航空也应和核电一样，把文化引入航空装备保障安全的目标中，把安全文化应用到航空装备维修工作中，必须强调保障航空装备安全是航空装备的头等大事。

人类发展的历史就是人类与大自然搏斗、战胜灾难、寻求生存的历史。人类在生存繁衍过程中，创造了安全文化，如安全的思想、观念、意识、道德、信仰、法律、规章、知识、技能等，用以求得生存发展。纵观人类航空发展史，也是与自然搏斗求得在空中安全自由飞翔的历史，航空安全文化因此应运而生。

5.3 航空装备维修安全文化建设的特点

安全文化是一个社会概念，实践经验证明，建设安全文化离不开人的认知，离不开人的努力，离不开人的奋斗。而安全文化既可以肯定人的价值观念，也可以改变人的价值观念。因此，建设航空装备维修安全文化，必须以塑造人的安全观念为本，只有激发广大航空装备维修人员自发的主观能动性，把保证安全变成自觉行动，才能达到确保航空装备维修安全的目标。

5.3.1 安全文化核心是人

安全文化核心问题是人的问题。建设安全文化要特别注意解决人的观念问题，重点应当考虑人的安全观念文化、人的行为文化、人的安全哲学文化、人的思维文化和人的制度文化等。

5.3.2 安全文化是动态的

安全文化不是固定不变的，是动态的。建设安全文化，应当针对不同时期的不同特点，不同人员的不同问题，有针对性地提出不同要求，解决影响安全的关键性问题。

5.3.3 安全文化不是独立存在的

安全文化是精神文明的重要组成部分，也是航空文化的主要组成部分。安全文化的建设，应当和政治思想工作一道进行，把安全文化与思想政治工作融为一体，作为思想政治工作的重要内容，为确保航空装备维修安全提供思想保证。

5.3.4 安全文化需要教育来强化

安全文化是通过教育塑造观念，产生行为，教育在安全文化建设中承担着重要任务，安全教育要形成制度,不断进行。只有通过安全教育,才能优化人的安全观念、安全意识,提高人的安全行为水平。

5.4 航空装备维修安全文化教育的原则

5.4.1 预先教育

前面提到的海因里希法则说明发生问题是有先兆的,要防患于未然。教育者必须重视细节,用全面、联系和发展的观点看待问题,及时掌握本单位的安全动态,发现问题苗头,进行针对性教育,给被教育者敲响警钟,防止问题发生。

5.4.2 联系实际教育

要注意用身边的事教育身边的人。教育者要把握好被教育者的心理,采取被教育者易于接受的方式,缩小与被教育者的距离。每一个人对具体的安全问题事先都有一定的认知态度和接受的限度,如果教育者与被教育者差距较大,教育的内容或阐述的问题与被教育者距离较远时,被教育者会感到"太空洞""都是空话套话""又是老一套",无法接受教育,甚至产生逆反心理,影响教育效果。

5.4.3 教管结合

坚持安全教育与管理机制相结合的原则。教育不是万能的,安全教育并不能解决维修工作中所有的安全问题。要达到效果就必须与监督机制、奖惩机制等行之有效的管理制度相结合,相辅相成,相得益彰,使维修人员感到遵守安全规定、为安全工作做贡献能得到实惠,不遵守安全规定,发生问题就会付出代价,提高维修人员遵守安全规定的自觉性,增强安全观念,提高安全意识,筑牢维修安全的思想防线。

5.5 航空装备维修安全文化教育的内容

5.5.1 职业风险教育

航空装备维修与一般的维修工作有很大不同,航空装备维修具有很高的风险性,不经意间错打了一个开关,错按了一个按钮,遗忘了一件小工具或小物品,都有可能发生严重后果。轻者有可能给自身带来伤害,重者可能危及装备安全,甚至危及他人的生命。职业风险教育可以有效地增强维修人员的责任意识和风险意识,充分发挥主观能动作用,避免维修差错,提高保障质量,保证维修安全。

5.5.2 遵章守纪教育

维修保障具有比较完备的法规体系,既有规定航空装备系统的地位、性质、任务、原则的航空装备基本法规,也有维护规程、检查程序等技术规定,还有一些具体的实施细则、补充规定和工作制度。这些法规是在认真总结以往保障经验、吸取失误教训、深入研究现有装备的状况和特点的基础上形成的，按这些法规实施维修就可以最大程度地保证维修质量，避免事故发生。

从以往的教训看，很多事故都是不遵守规章制度造成的，可以说违章操作是发生问题的代名词。发生违章违纪问题的主要原因：一是对制度规定内容不熟悉，不能熟练按法规组织维修、实施操作；二是存有侥幸心理，图省事，怕麻烦。

遵章守纪教育主要就是要解决这两个方面的问题，使每个维修人员学懂弄通这些法规，特别是对涉及维修安全、工作要求、维修内容的部分要做到熟练掌握、耳熟能详，在实际工作中准确运用。要使每个维修人员认识到违章问题的严重性，不按规章制度办事可能要付出惨痛代价。

5.5.3　事故预防心理教育

维修人员如果有一个良好的心理，就会选择正确的维修方式，减少或避免无意过错。维修人员的心理除遗传因素外，后天的教育训练对心理的形成也起到至关重要的作用。认识维修人员的心理，加强对维修人员的事故预防心理教育，对保证安全很有必要。当维修人员有急躁情绪、松懈情绪、骄傲情绪、麻痹情绪、恐惧情绪时，及时进行教育和疏导，就可能把这些不良情绪带来的危害降至最低；当维修人员过度疲劳、生物节律处在低谷时，进行适当提醒也会收到很好的效果。

5.6　航空装备维修安全文化教育的方法

航空装备维修安全文化教育方法通常包括集中教育、现场教育、互动教育和刺激教育等。

5.6.1　集中教育

在维修工作中发现具有普遍性和倾向性的问题，以及其他单位发生的问题时，要集中时间进行安全教育，集中教育能最大限度地保证人员范围，能使大家对普遍性和倾向性问题的总体安全形势有所把握，能对其他单位的问题进行举一反三。

5.6.2　现场教育

在具体的维修过程中发现维修错误而能及时把关，加以纠正，会给维修人员留下更深的印象，起到更好的效果。对重大维修工作或具有较大风险性的维修工作，应由经验丰富、技术过硬的老同志向新同志（或上级给下级）传授安全操作方法和注意事项，必要时进行示范讲解。对典型问题可采取召开现场会的教育形式，讲清发生问题的原因，应吸取的教训，讨论解决安全问题的对策，增强教育的针对性。

5.6.3　互动教育

教育者可以通过与被教育者互动的方式来进行教育。被教育者往往来自基层，对本层次、本单位的状况掌握更深入和更全面，他们的意见具有一定的针对性和代表性；另外，认真听取被教育者的意见,可提高被教育者的参与感和亲切感,变被动的接受教育为主动的教育参与者,形成共识,有利于发挥被教育者的主动精神,从主观上接受教育的内容;还有,通过互动可以集思广益,互相启迪,交流安全经验,有利于全面和深入地进行安全教育。

5.6.4 刺激教育

有一种心理现象叫"注意与不注意",指的是对人刺激强烈的事物容易引起人的注意,对人刺激微弱的事物不容易使人注意。图像比文字更能引起人的注意,动态的事物比静态的事物更能引起人的注意。随着科技的发展和技术的不断进步,应充分利用各种新的安全教育手段,比如利用电化教学设备,结合本单位的实际情况,制作多媒体教育片,将文字、声音、图像做到有机结合,更能给人留下深刻印象,效果也会更加明显。

5.7 航空装备维修安全文化教育的时机

安全教育除了要保持安全教育的连续性外,还要在实施较大维修工作、维修环境发生了变化、人员发生了变化和安全形势较好的时段进行适时教育。

5.7.1 安全教育的连续

人的思想转变需要一个过程,建立新的观念也需要一个过程。另外,作为一个社会人,要受到各方面消极因素的影响,本已确立的比较好的安全态度和安全意识也有可能会发生变化。因此,安全教育不可能一蹴而就,必须坚持教育的长期性和连续性,经常保持一定的教育压力,绷紧安全这根弦不放松。

5.7.2 实施较大维修工作

当任务较重时,由于工作头绪多,人员精力容易分散。虽然对总体任务的把握,精力是集中的,但对个别的、具体的内容则不一定做到百分之百的注意,容易有疏漏。在组织此类维修工作时,除科学安排工作内容外,及时进行教育提醒也是必不可少的。

5.7.3 维修环境发生变化

当维修环境发生变化时,维修人员的行为习惯被打破,如果还是凭老经验、老办法就有可能导致失误。此外,当维修环境变得陌生时,维修人员可能会变得紧张,保持适度的紧张对所进行的工作十分有益,它能使人注意力变得更加集中,但过度的紧张会使人手脚笨拙,动作准确性降低,反应准确度下降,这种情况下也需要疏导教育。

5.7.4 人员发生变化

维修人员始终是动态的,处在不断变化之中,岗位可能发生变动,新的人员也在不断补充,部分人员对设备和工作环境不熟悉,对安全注意事项和安全规定不了解,一定要加强对这部分人的安全教育。上岗培训带教,不仅要带业务、带技术,更要带安全、带意识。

5.7.5　安全形势较好

在保证安全时间较长、工作态势比较平稳的情况下，容易产生麻痹情绪。麻痹情绪会使人想当然，按习惯工作，不能正确对待客观情况的变化，有了问题不能及时发现，即使发现了问题也不能及时解决。分析以往案例，许多问题都发生在安全形势比较平稳的时段。

5.8　航空装备维修安全文化教育的途径

为积极探索新形势下航空装备维修安全工作的特点和规律，不断增强广大航空装备维修人员质量安全意识和章法观念，夯实质量安全工作的思想基础，促进航空装备维修质量提高，必须要有一个清醒的认识，要下大力纠正"重外场、轻内场，重保障工作、轻故障预防"等不良倾向，切实在提高飞机定检和修理质量上抓出成效。坚持质量就是战斗力，质量就是安全，质量是人命关天的大事这一意识，并将其牢牢根植于广大维修人员的思想中，保证作战训练、演习演练、新机换装、专机等各项维修保障任务顺利完成，保证安全。

5.8.1　教育思想系统化

航空装备维修人员的职业具有一定的特殊性，肩负着保障飞机安全的重大使命。教育思想系统化不仅有利于管理人员宏观掌握所属人员的思想情况，而且有利于航空装备维修人员树立正确的职业道德观。例如，突出爱国主义教育、职责使命教育和职业道德教育等几个方面。突出爱国主义教育，就是增强航空装备维修人员对国家和民族的责任感和自豪感，要通过各种教育帮助航空装备维修人员认清根本职责和肩负的光荣使命，从而使广大航空装备维修人员进一步树立祖国高于一切、责任重于一切的思想，把追求个人的理想和价值融入国家安全的最高价值之中；突出职责使命教育，引导航空装备维修人员干好本职工作，增强业务能力，提高保障水平；突出职业道德教育，就是要使广大维修保障人员时刻牢记航空装备维修保障工作的重要性，立足本职岗位，做出应有的贡献。

5.8.2　教育内容多样化

科学技术飞速发展催生的信息化战争对航空装备提出了更高的要求，同时对航空装备维修人员提出了新的挑战。因此，更要重视教育内容的多样化：一是依据航空装备质量安全宣讲教育实施方案的总体要求，按照宣讲教育提纲进行宣讲教育。二是利用多媒体教育软件和安全教育系列录像片，结合单位实际，进行视觉触动式的多媒体教育。三是根据实际编写补充教育材料，采取共同内容集中讲，典型问题专题讲，重大问题反复讲，提高教育的针对性和实效性。四是根据现代高科技维修保障装备的特点，将学习内容贯穿于学习高科技、掌握新装备、练就综合集成本领的具体实践中，不断实现教育内容的新发展。

5.8.3　教育管理制度化

实践证明，质量安全教育是增强广大维修人员质量安全意识的有效措施之一，必须长期坚持，形成制度，常抓不懈。应结合实际，研究制定具体贯彻落实办法；大力推广持证上岗、持卡操作、印章管理、飞参监控等行之有效的做法，使安全管理科学化、规范化；落实航空维修专项质量检验、地面试车卡片等各项安全管理制度和多发性、危险性故障预防措施，使教育管理制度化，减少人为因素的影响，用制度的约束机制来保持质量安全教育的持续长久。

5.8.4 典型示范突出化

榜样的力量是无穷的，典型示范具有一定的触动性，通过先进典型的影响提高教育的实效性。一是航空装备维修系统的宣传典型；二是默默无闻的身教典型，如一线的维修能手等，他们是长期保证航空装备维修安全和发现重大故障隐患的先进典型，他们虽然没有耀眼的荣誉，但对航空装备维修质量安全工作的稳步发展起到了积极的推动作用。这种以身边人、身边事教育的做法，更能够收到事半功倍的效果。

5.9 航空装备维修安全文化的管理

航空装备维修安全文化管理的主要任务是从人-机-环境系统出发，协调二者之间的配合关系，处理好它们之间的接口关系，为维修过程创造一个良好的安全文化环境。

安全文化管理的内容非常广泛，可以大致概括为以下几个方面：

5.9.1 安全法规

航空装备维修安全法规是对航空维修过程宏观上实施安全控制的主要依据，它是根据航空技术装备、航空维修人员、维修环境的特点与规律而制定的，并经过有关权威部门批准，是必须遵守的规范。因此，航空维修安全法规的研究就成为航空维修安全理论研究中的重要范畴，它包括安全条例、大纲、规程、规则、规定、技术文件、通报等内容体系。

5.9.2 安全检查

航空装备维修安全检查有三个方面的含义：一是指正常维修过程的质量检验制度的确立，检验内容、方法的规定等；二是指根据一个时期的安全形势，以安全为主题对人员、装备、设施以及维修环境的定期或不定期的安全质量检验，目的是发现与纠正不安全因素，以实现维修过程的安全；三是对已经出现的空地事故进行检查，弄清事故的成因，总结经验教训，充实与完善安全设计与安全法规。

5.9.3 安全教育训练

安全教育训练是对维修人员从思想、作风、观念、技术、方法等方面进行增强安全观念、培养优良的工作作风、提高同维修差错与事故进行斗争的本领的教育。这里存在教育与训练的内容时机、方法，实现优化的理论问题。

5.9.4 安全预测

安全预测是指应用科学的方法来寻求事故发生的规律，预测未来一段时间安全形势的一种理论与方法。它包括危险性预先分析、故障危险性分析、系统(人、机、环境)危险性分析等。

其目的是为领导提供安全对策，优化组合管理，防止事故的发生。

预测技术发展很快，方法也很多，现在已经有人将当代科学的预测技术成果运用于航空装备维修安全形势的预测。这将有助于摆脱已往对安全形势评估经验的水平。依照科学预测而建立安全形势的宏观评估使安全管理得以在较为可靠的数据基础上进行决策。

5.9.5　安全管理的组织体系

安全管理的组织体系是从航空工程系统的规划、结构、体制、编制等方面，为落实安全管理而划定各部门、各类人员的安全维修责权范围，是一种安全责任制在组织形式上的体现。科学的安全组织体系实际上是实现安全管理的组织保障。

5.10　航空装备维修安全文化建设的主要做法

运用马克思主义哲学观点、辩证唯物和历史唯物的思维方法认真分析认识，不难发现，航空装备维修差错管理问题主要是安全文化建设问题。如果安全文化建设抓得紧，飞行安全形势就好，飞行事故就少；如果安全文化建设抓得松，飞行安全形势就差，飞行事故就多。安全文化是人类自有生产活动以来就有的，近年来被人们越来越重视。因此，安全文化是随着人类的生存和发展而来的，不是现在哪一个国家或组织的创造，也不是哪一位专家或学者的发明，它是历史的产物。不能因为出现了“安全文化”这个新词就认为在此之前没有安全文化。

5.10.1　确立航空装备维修职业道德规范

优良的职业道德是提高飞机维护质量、确保飞行安全的基础。不同的历史时期有不同的文化主题，“精心维修”的航空装备维修职业道德规范激发了广大维修人员立足岗位建功立业的积极性。针对航空装备维修职业道德存在的问题，及时组织职业道德整顿，从细微入手、从点滴抓起，继承和发扬优良的职业道德，打牢预防维修差错、提高飞机维修质量的基础。

5.10.2　狠抓法规制度和技术措施的落实

法规制度和技术措施是航空装备维修保障工作的重要依据。长期以来，针对维修实践中暴露的问题和血的教训，不断修订完善了各项法规制度，制定了技术措施，尤其是推行了维修作业卡片管理制度，基本形成了一整套管理法规和与技术措施相配套的、层次分明、合理完整的法规体系。坚持将抓法规制度和落实技术措施作为管理航空装备维修安全工作的重点，及时纠正存在的问题和薄弱环节，保证各项法规制度和技术措施在末端工作的落实。航空装备维修以条例、细则和守则等法规制度为依据，坚持依法维修和管理。狠抓机组专责制、专项质量检验、领导检查飞机等管理制度和多发性危险性故障预防措施的落实，从而大幅度减少地面试车损坏发动机和油箱盖未盖好等重大维修差错。

5.10.3　完善飞机防差错的具体措施

维修差错给航空装备维修保障工作造成了较大损失，广大维修人员应牢固树立有所作为的思想，充分发挥主观能动性，坚持与维修差错作斗争。一是要认真梳理发生的维修差错。经常组织召开航空维修安全管理研讨会，专题研究分析维修差错，明确解决办法。二是要积极研究制定防差错措施。对发生的每一起差错，做到举一反三，吸取教训，研究制定针对性预防措施，使防差错措施从无到有，从土办法到新手段，从不完善到成体系，从单个专业到系统配套，逐步趋于完善。三是要狠抓维修差错的攻关。对一些多发性维修差错，逐一拉条挂账，组织航空装备维修一线、工厂和研究所专题攻关。

5.10.4 增强人对装备和环境的适应能力

在人-机-环境系统中，人处于核心和主导地位，因此，如何增强人的安全素质，发挥人的能动作用，对提高人对装备和环境的适应能力具有十分重要的意义。

为满足系统安全性要求，需要采取各种措施，这些措施的优先顺序如下：

首先，着眼于航空装备的设计，通过设计在技术结构上消除使用和维修中的各种危险性因素，将危险性因素降至最少(即降至可接受水平)；

其次，对未能通过设计给予消除的危险性因素，就要加装固定的、自动的或其他形式的安全装置，并保证这些安全装置上有特定的防差错功能；

再次，如果以上两项措施仍不能消除危险性因素，就应加装警告报警装置。警告装置应正确设计，不使人产生错误反应，并按标准化设计；

最后，如果以上三项措施仍不够有效，则只有通过提高人的安全素质，增强人的预见与处置能力来解决。通常的措施，一是制订安全规程；二是对人进行相应的训练。

当人、机、环境三者组成的系统处于相互协调的情况下，可以确保安全。按照这一前提思考安全问题，可以做这样的设定，即只要人的行为能适应飞机(装备)和所处的环境的变化，及时做出正确的反应，则安全就有保证，反之，就有可能出现不安全。对于从事航空装备维修的人员来说，为了人、机的安全就要确保实施正确的维修，不出现或少出现错误维修。

第6章　现代航空装备维修差错预防策略

维修差错是航空装备维修保障工作的重要内容。积极行动起来，努力实现个人维修零差错，是航空装备维修系统贯彻落实飞行安全观和航空装备维修安全观的突破口，是各级各类维修人员实现“零事故、零差错”的基础。探索新形势下航空装备质量安全工作特点和规律，对于预防维修差错、提高飞机维修质量、确保飞行安全至关重要。

6.1　注重思想工作，增强安全意识

6.1.1　思想政治工作与教育

有效的思想政治工作就是要提高人的综合素质。一是使维修人员明确航空装备维修的目的和意义，把个人利益与集体利益统一起来；二是正确引导维修人员认识工作、社会生活中的困惑和变动，化消极因素为积极因素，即通过鼓励、打气消除维修人员的挫折感，理顺情绪使其心情舒畅，从而消除困惑，激励维修人员的积极性；三是引导维修人员发展自身的文化和能力，培养学习的自觉性和积极性，不断提高维修人员的文化素质。

挖掘维修人员的潜在能力，靠的就是教育。一是靠教育来提高业务技能；二是靠教育来提高思想认识，以调动其工作积极性、主动性和创造性。人们对待工作的态度不同，其效果也就截然不同。有的人情绪高涨，头脑就灵活，兴趣和动力有了，创造力就有了，这种积极的态度能产生事半功倍的效果。有的人工作不积极主动，虽然任务能完成，质量也能保证，但是超额完成或加班加点则不行，高质量和创新就更谈不上，这种被动的态度表现为叫干多少，就干多少。也有人心情不好，注意力不集中，工作丢三落四，常出现一些差错，这种消极态度就会产生事倍功半的效果。还有的人心中有气，与要实现的目标对着干，采取软磨硬抗或消极对抗的态度，总找出客观理由，不能按时完成任务或达到要求的质量，甚至故意捣乱，直到造成影响，发生重大事故，这种反对的态度直接破坏安全，造成严重后果。有效的思想政治工作就是从现实的人出发，以维修人员的利益需要和集体利益的一致为出发点，通过提高维修人员的思想、文化水平，解决实际困难，消除思想障碍和消极情绪，激活维修人员的人为因素，激发维修人员的积极性、主动性和创新精神，从而推动航空装备维修的发展。

6.1.2　思想政治工作与人为差错的关系

人的行为有正确的，也有错误的。人类行为分为有意识行为和无意识行为。有意识行为是受一定的思想意识控制和支配的，并在思想意识、情绪态度的影响下得到积极强化或消极强化。无意识行为中一部分是由人类的自身生理特点决定的；另一部分是由长期的行为习惯造成的。从法学角度讲，人的行为又分为“为”和“不为”，人为差错行为中的“为”是指不该为的为

了，或者是该为的没有为好或为错了，从而造成了不良后果；而“不为”则是指该为的没有为，这都是人为差错。

要提高航空装备维修安全水平，就要在航空装备维修管理中减少乃至消除人为差错。消除人为差错要靠制度的强制监督，鼓励与航空装备维修目的一致、符合航空装备维修要求的行为，处罚和消除不利于航空装备维修的行为。制度要内化为航空装备维修人员的思想意识，就要靠思想政治工作的教育。

思想政治工作可以使维修人员明白航空装备维修的目的和意义，消除维修人员的思想问题、心理障碍，塑造与高科技相适应的人格，从而在思想上消除对航空装备维修的逃避和抵制，使航空装备维修成为维修人员的需要和快乐，使他们在航空装备维修中得到自我实现。在心情愉悦、气氛良好却又有纪律约束的环境下工作，维修人员的行为就不会出现异常，各种有意的错误将得以减少乃至消除。

但不是维修人员有高尚的思想觉悟，就不再产生错误。人的性格特征、行为习惯乃至某个时刻的内分泌状况，都将对人某一时刻的行为产生巨大影响。这并不是说人为差错不可避免，而是说思想政治工作不仅要关注人的思想、道德，还要引入人的行为科学研究，把消除差错与具体维修人员的行为特点、行为习惯乃至组织风气、维修人员群体的行为模式联系起来。有意识行为导致差错是由于人们存有侥幸心理，在工作时，总想图省事，故意该为的不为，不该做的做了，或分析判断失误，宁可冒险，不愿多一分把握，不按规定程序和要求办事导致的，错误地估计了后果，结果一朝不慎，造成差错，甚至酿成大祸；不少事故本来是可以避免的，就是人们认为“问题不大”，结果出了大问题。无意识行为导致差错是由于人们思想疏忽，在工作时该做的没做，不该做的却做了，没按规定的程序去做，没有达到规定的要求和标准导致的；原因或许为：一技术上不熟练；二理论上没弄懂；三思想上没有引起足够重视；四头脑不清醒，糊里糊涂地就做了或没做某件事。因此，就是要通过改造维修人员的行为习惯、思维特征，影响维修人员的潜意识、无意识，消除维修人员在维修过程中不利于维修的无意识和有意识的错误行为，从而消除维修差错。

6.1.3 思想政治工作预防人为差错的方法

1. 说服方法

说服方法是指思想政治工作者通过摆事实、讲道理，启发开导维修人员，以理服人的工作方法。

2. 感化方法

感化方法是指以真挚的情感、善意的言行使维修人员的心灵受到触动，使其思想和行为向好的方面转化的工作方法。

3. 示范方法

示范方法是指通过典型人物、典型事例进行示范，或领导干部率先垂范，教育鼓舞维修人员，提高其认识的一种工作方法。

4. 激励方法

激励方法是一种激发维修人员的某种动机，使其产生积极性，并使这种积极性化为自觉行为的外在刺激方法。

5. 环境熏陶方法

环境熏陶方法是指在思想政治工作中优化环境这个外部条件，最大限度地利用环境中的积极因素，推动维修人员形成正确思想的一种方法。

6. 冲突缓解方法

冲突缓解方法是针对维修人员的思想矛盾激化所产生的冲突，通过建立健全制约机制和宣泄渠道，缓解冲突产生的矛盾和条件，为达到协调人际关系，增强人们团结，尽量减少和削弱冲突导致的震荡和破坏而采取的一种方法。

7. 心理咨询方法

心理咨询方法是运用心理学的方法，对维修人员存在的心理失衡、心理障碍、心理疾病予以调整、排除、治疗的方法。

8. 后进转化方法

后进转化方法是指纠正维修人员已经存在的某些不正确或不完全正确的思想、态度、观念或行为，把他们引导到正确的轨道上来，促进后进向先进转化的方法。

只要正确地使用政治思想工作的方法，并结合必要的行政措施，就能及时发现可能出现的人为差错的苗头，并及时纠正，即使发生问题，通过细致的工作，也能使坏事变为好事。

6.2　强化法规意识，提高维修质量

6.2.1　落实规章制度，打牢安全基础

一是要强化法规意识，防止人为差错。各项航空维修条例、规章、制度已相当完备，其中一行一字都是以生命和鲜血为代价谱写的。通过加强管理，强化质量安全观念，培养职业道德，抓好条例、细则、规程和安全规则的落实。领导干部作为职业道德建设的领导者和组织者，自身素质和作用发挥如何，对职业道德建设具有极其重要的影响。要以增强维修人员的安全观念，严格落实条例、规程为目的，以预防危及飞行安全的故障和维修差错为重点，针对人员、飞行任务、气候环境等情况，有计划地进行安全教育。重点讲解工作的性质和安全的特殊要求，学习安全基础知识、安全规则、危及飞行安全的维护差错的预防措施，介绍安全工作的经验和安全操作方法，增强全体维修人员的安全观念，熟知并遵守安全规则和规定，按照规程规定的程序和方法要求进行操作。在维修实践中，可采取一些辅助手段来预防维修差错，如文字提示、标记提醒、颜色分类、临时记录等。地面排除疑难故障时，对于复杂的分解或组装，边操作边写明步骤及顺序。禁止违章蛮干、不按顺序操作和以自我经验代替维修法规等。

二是要严格落实规章制度，提高维修管理的效益。要严格落实机组专责制、专业复查把关、安全分析、质量检验、层级管理等行之有效的制度，加强维修管理，提高维修保障的效益。对飞机重点部位、重要系统、重要机件的安装及调整等工作，必须经过复查把关，在维修准备中，不定时抽查飞机的准备质量，发现问题及时纠正，通过抓规章制度的落实，促进维护作风的养成，提高维修管理的效益。

三是要加强基本维护，严格落实维修质量标准。在维修中，要结合实际，细化工作内容，明确检查标准，结合清洁润滑、固定保险、整理包扎、防雨防潮等基本日常维护工作，将维修质量标准以卡片形式下发到机组，落实到日常维护中。在工作的标准上，小到一个螺钉标线的尺寸大小、一个标记的位置，大到每个系统、每个机件的整体要求，都要逐一明确、统一标准，提高整体水平。

6.2.2 抓好故障预防，消除安全隐患

1. 严格落实多发性、危险性故障预防措施

在实际工作中要熟知多发性、危险性故障预防措施内容、落实时机和检验标准。对易发生故障的部位要加强检查，在重要系统、关键部位开展工作后，质量安全管理人员要及时复查把关，做到一手质量过硬，复查把关严格，切切实实把故障隐患消灭在萌芽状态。

2. 提高装备修理质量，从保障源头把住维修质量关

即使安装一根保险丝、搭铁线，都要细心完成，否则，管路、线路的松动、虚焊等，都会给装备修理质量埋下隐患，给维修工作造成极大的影响。因此，在平时的维修工作中，一是严格按规程完成内容，不能错漏忘，不能随意简化工作内容，要将设备性能参数调到最佳位置；二是对平时检查不到的部位、看不到的机件导管等进行全面检查，及时对磨损的导管、渗漏的机件等进行更换和修理；三是加强对飞机线路、管路的清洗、润滑、包扎、整理、除锈、涂油等基本维护工作，从而保持飞机的可靠性。

3. 加强故障研究，提高保证安全能力

应做到每排除一起故障，就总结出一套行之有效的维护经验。每发现一个较大故障，都要以召开专业现场会的形式，组织专业人员分析故障原因，总结经验教训，并将分析过程、维护注意事项等形成文字加以物化。对疑难故障及多发性、危险性故障，及时组织技术骨干召开故障分析研究会，研究故障规律，进行故障预测，制定预防措施，从而提高维修工作的针对性和科学性。在实际工作中，要经常征求飞行人员对飞机的使用意见，对反映的问题要认真研究解决，并把排除情况和处理结果再反馈给飞行员。这样既能加强维修人员的针对性，又能提高飞行人员的装备使用水平。

对于疑难故障，可以采取专家会诊的形式找出故障。要经常检查执行情况，并根据飞行任务的变化及时调整，灵活安排。要把业务学习与研究排除故障、解决技术难点、改进工作方法、总结维护经验结合起来，通过不断学习与提高，达到一般故障不出，疑难故障不出，重大故障不出。

6.3　重视数据管理,减少人为差错

如果只从一起事故或事件的调查分析结果来看组织/系统缺陷,可能存在局限性和偶然性。但是,如果将累计的所有按照人为因素理论和方法调查分析的事件结果汇集起来进行统计、分类,就可以比较客观地把握系统存在的影响安全的潜在问题(隐患)是什么。这种安全管理不再是凭管理者拍脑袋、堵漏洞,而是基于客观数据之上的。

6.3.1　信息时代的数据

数据,是人类用千万年进化才抽象出来的概念,标志着人类智慧完善的水平。在实际工作中,标志质量的界限代表着认识的精确性。

如今已经进入信息时代,机械化维修与机械化安全要向信息化维修与信息化安全转变,其根本的区别是数据。这是因为,机械化维修与机械化安全就是处理人和物(装备)的双边关系的;而信息化维修与信息化安全是处理人、物(装备)以及数(数据)的三边关系的,数据成了新的“第三极”,它是信息化维修与信息化安全最根本的标志。

数据不完全是数字,其类型很多,可以是表,也可以是图,但都代表对特征的精确把握。有数据就说明对事物的了解深入,数据越多、越细、越准,说明对事物的认识越深刻。

数据是需要建设的,应主动应用现代科学方法,从大量实验和以往的事故统计分析中建设数据。

高技术检测广泛地应用于声音分析、从残存的电脑芯片中恢复数据;利用计算机残骸录下引擎的操作情况;通过残存铝件的颜色、软硬度及其他细微变化,重现机舱着火强度;根据残骸冶金和化学测试,观察耐受极限;通过安装在驾驶舱里的录像机记录开关和仪器的工作状态等领域。

虽然目前在飞机上已经逐渐增加了辅助空难分析的设备,如参数记录仪、故障自检设备等,可提供一些有价值的信息和数据,但数量尚少,性能也不够完善。目前追查飞机失事的原因主要依靠黑匣子,但黑匣子也有局限,如记录不够完整,坠机后不容易被找到等。而且不止一次发现黑匣子被摔坏的情况,这不能不说是一种讽刺,因为从理论上说,黑匣子本来设计的安全系数足够大,应始终保持完好无损才对。

从长远看,应进一步为飞机配备系列化和系统化的空难分析辅助设备,包括机上的与地面的。正如对人的健康要做常规检查一样,飞机也需要有“常规”检查的项目和设备。所以,科学家希望白匣子能发挥更大的作用。

白匣子作为数据建设的第一前沿,实际是一种全新的通信系统,能通过飞机上的传感器自动记录各种数据。过去,该系统并不支持连续的信息传递。美国北得克萨斯州立大学计算机工程与科学系主任克里什纳·卡维的想法是:使用卫星通信技术实现高效率连续信息传递。这就等于提供一个实时的备份,即使飞机失事后找不到黑匣子,专家们也能通过分析服务器中的数据查找失事原因。

数据建设的另一前沿是投入道义学。这是指过去航空安全之所以不尽理想,一个深层的根本问题是投资力度不大,与整个航空投资极不相称。增大保障与安全的投入,已经不仅是技术或经济问题,而是一个严重的“道义”问题,应该实行一种新的“道义学”。

6.3.2 数据管理与维修差错的关系

由于事故从来不是由孤立的原因引起的,从广泛的角度进行分析,重点应放在系统安全数据的缺陷上,而不是单个数据的缺陷上,这样可以确认航空装备系统多个阶段的缺陷,从而追溯到航空装备设计制造阶段和维修过程的数据管理缺陷。

从数据管理角度,采取进一步减少维修差错措施时应考虑以下三个问题:

① 维修数据的管理应按有利于研究维修人员表现的方式。

② 维修数据的管理要有利于应用现代分析研究方法,以帮助航空装备设计人员与维修管理人员用数据来分析人为差错。

③ 维修数据的管理要有利于应用在航空装备维修领域中,特别要应用于人的心理学、行为学等预防人为差错的研究中。

重视系统的数据和组织缺陷(隐患)而不是单个的差错(显性过失)的数据管理,对有效减少人为差错的发生会起到积极的作用。一些安全组织越来越重视将组织和文化因素作为事故原因和事故预防因素,利用管理和组织因素知识,把航空装备维修中的人为差错减少到最低限度。例如,可以加强大数据建设,发挥其作用,重视各种故障数据的统计分析,得出发生各种人为差错的趋势,提出预防措施,有效遏制人为差错的产生。

6.4 坚持以人为本,加强人才培养

人才队伍建设是一项十分艰巨而又长期的过程,提升航空装备维修能力需要人才,打牢质量安全工作基础也需要人才。必须对当前航空装备维修人才队伍建设情况进行深入研究,将其列入重要议事日程,常抓常议,确保人才队伍建设的稳步健康发展。

在影响航空装备维修质量的因素中,人为因素占主导地位。世界各国飞行事故原因统计表明,在民航飞机飞行事故中,人为因素占80.5%,环境因素占4.5%,机械因素占8.5%,其他因素占6.5%。事实和理论都表明,在航空装备维修工作中解决了人的问题,就解决了保证飞行安全的根本问题。

6.4.1 以人为本,建立科学的管理和激励机制

一是树立以人为本的观念,建立科学的人才管理机制。航空装备维修人员的素质决定着飞机维修水平和维修质量,航空装备维修人员素质的提高又与飞行安全是密不可分的。着重培养一个知识丰富、辐射力强、优势互补、梯次有序的人才队伍,通过人才队伍的“酵母”作用来带动其他人,增强航空装备维修队伍的整体能力;二是在物质条件上给人才以优厚的待遇,对于专家型人才和拔尖人才,在物质待遇上要予以特别的政策。根据发展实际情况完善有关法规政策,努力创造“政策留人、事业留人、环境留人、待遇留人、亲情留人”的氛围。让人才的社会价值得到普遍认可,人才的物质需求得到满足,最大限度地发挥人才的优势作用。

6.4.2 优化结构,培养结构合理的人才队伍

航空装备维修能力的形成,关键是要有一支结构合理、作用明显的人才队伍。要紧紧抓住人才队伍建设的关键环节,构建人才队伍的梯形结构。

1. 搞好普训、精训活动

开展维修人员的普训，打牢技术型人才培养基础，充分发挥维修训练中心的作用，开展业务学习、岗位练兵和安全法规教育；定期验收考核，检验学习成果，营造“飞行安全在我心中、法规在我脑中、质量在我手中”的良好氛围。在维修人员中开展学法规、钻业务、练技能、保质量的普训活动，使维修人员能熟练掌握所维护飞机的技术性能、结构特点、维护要求、自然环境变化对其影响及不同飞行任务对飞机的要求标准等内容，各类维修人员能熟练操作各种检测仪器仪表和地面设备。

2. 搞好骨干晋级培训活动

通过对各类骨干的分层次培训，努力提高管理型、研究型、技术型、工作型人才的能力素质，采取普训、精训的方式，大力拓展人才培训的渠道；用战略眼光看待人才队伍建设，克服困难，选送业务技术好的骨干参加晋级培训等。

3. 抓好业务尖子深化活动

本着“缺什么、补什么、练什么”的原则，挑选业务尖子进行深化训练。分析研究和解决在航空装备维修保障中存在的弱点和难点，制定解决对策。将理论功底扎实、动手创新能力强、具有发展潜力的人才选配到技术研究中心，进行理论深化、技术研究和课题攻关，重大任务尽可能安排他们参加，尽最大可能安排专家型人才参加各种培训班、进修班，使他们在任务中提高，在学习中进步，在实践中成长。

4. 抓好大学毕业生岗前培训

每年都有大学毕业生分到航空装备维修一线，他们是维修一线的新鲜血液，以后将从事一线维修工作或陆续走上领导岗位。因此，抓好岗前培训，帮助他们做好维修工作的第一步，把好专业质量安全的第一道关口，对专业建设有着重要意义。由于院校教育的广泛性，大学毕业生对装备不熟悉，所以要首先组织他们进行装备学习，提高针对性、加强实效性。

实习带教可以分四个阶段进行：

第一阶段是在维修训练中心，重点内容是培养维修人员专业素质、职业道德，学习维修工作的优良传统和条例、细则等相关维修法规，了解机场固定设备；

第二阶段是按专业分组带教，重点内容是培养拆装技能、检测技能，学习故障排除、测试设备使用等；

第三阶段是在维护保障队，依照保障程序带教，先完成实习员的工作，再完成实习师的工作；

第四阶段是实习质量控制、信息处理系统维修管理。

带教中激发他们的求知欲望，尽快了解飞机，使实习带教贴近维修工作实际。一定要选配好的带教人员，原则上只有作风严谨、业务精湛、责任心强的骨干才能负责该项工作。带教方法灵活，要善于发动学员动脑子，摸索规律，勇于实践，及时肯定他们的成绩，以满足他们的成就感。实习带教结束后在上岗前的考核过程中，笔试的重要内容是条例、细则、规程、技术要求和注意事项；实际操作考试主要内容是按程序检查飞机，一般机件设备的拆卸、安装、检修和通电检查等。同时，在生活中各级组织要对大学毕业生给予足够的关心，为他们的发展创造一个宽松的工作环境，缩短带教时间，加快人才培养的步伐。

6.4.3 适应形势，完善人才建设的信息化体系

只有高素质的航空装备维修人才才能更好地掌握先进的航空装备技术，提升航空装备维修能力。因此应建立技术精湛、专业配套、经验丰富的复合型专家保障机构；要合理调整保障作业分工，搞好专业配合，提高维修效率和质量；在工作中要注意收集维修资料和故障现象、发生机理、排除方法等，建立计算机管理的数据库；积极开发和研制航空装备维修训练软件、模拟训练器材，建立航空装备维修信息源，以信息化网络资源为平台，建立快捷、方便、实用、全面的航空装备维修体系。

6.5 理清影响要点，应用人为因素

6.5.1 影响航空装备维修的人为因素

实践证明，影响航空装备维修的人为因素问题主要有如下几个方面：

1. 信息交流和通信(沟通)

通信(沟通)可能是航空装备维修中最重要的人为因素问题。在整个航空装备维修过程中没有通信交流，安全标准就难以保证。维修信息在被应用于使用监控的过程中，相互沟通理解极为重要。

2. 装备训练

现代航空装备的复杂性日益增强，进行正式课堂训练越来越有必要，智能辅导系统也将发挥越来越重要的作用。

3. 维修人员标准要求

由于航空装备越来越复杂，维修变成越来越关键的环节，故维修人员技能标准要求也日益增高。

4. 设施和工作环境

许多维修工作是在低于理想条件甚至是在极为艰苦的条件下进行的。照明不足、噪声干扰严重、与有害物质接触以及工作台架不合适等，都会影响人员身体健康和工作质量。因此，需要对此给予关注。

5. 集体协作

积极推进集体成员团结协作的训练，强调互通信息、领导能力、决策、各种环境和心理压力训练对集体协作的重要性。

6.5.2　航空维修中人为因素的应用

人为因素在航空维修中的具体应用主要有以下几点。

1. 减少人为差错,提高维修质量

维修管理人员、维修人员或检验人员一旦犯了某个错误,如果未被发现,将会导致事故。大量人为因素的研究表明人类具有犯错误的必然性。近 60 年来,人们逐步理解了导致人为差错的诸多因素,可通过设计、培训、程序和检查技术来控制其中的某些部分,当这些技术被很好地使用时,许多人为差错得以避免。

2. 保障维修人员的安全

大量的研究和统计报告表明,维修现场具有一定的危险性。正在移动的大型部件、车辆,旋转的发动机,有毒或有害的材料等均对人构成风险。人机工程的研究和应用可以对维修现场的安全提供理论支撑。

3. 节约成本,提高效率

人机工程研究的总目标是提供一个安全和有效的工作环境。大量的人机工程成本分析表明,以使用者为中心的方式来进行设计和维修可以节约成本。因此,人为因素被视为航空维修中合理减少成本的重要途径。

6.6　分析现实状况,提高管理水平

6.6.1　航空装备维修安全管理的现象

航空装备维修现有的安全管理模式是建立在航空装备维修人员的基本技能和职业素质基础之上的。其特点主要是通过"事后处理"的方法来强化安全管理。发生航空装备维修差错,要严格采取"四不放过"原则,即不查明原因不放过,不分清责任不放过,不采取措施不放过,不严肃处理不放过。依据"四不放过"原则处理不安全事件,对违反规定和操作程序的人员,要根据情节的轻重采取不同的处罚。这种强制性的处罚手段对规范航空维修人员行为和保证安全是必要的。同时,因为重视查找问题发生的原因和制定改进措施,所以能够较好地防止同类问题的重复发生,对保证飞行安全能起到很大作用。

但是,航空装备维修差错发生以后,暴露出来的问题往往是冰山一角,成因也不尽相同,而"事后处理"的方法仅针对所发生的问题进行处理,在安全管理中具有一定的局限性和被动性。

6.6.2　提高航空装备维修安全管理水平的途径

进一步提高航空装备维修安全管理水平迫在眉睫,在总结多年航空装备维修安全管理经验的基础上,创新观念、创新技术、创新管理,用发展的眼光和较强的预见性着力研究和探索航空装备维修安全管理发展中的前沿问题,把主要精力落实在预防工作上,逐步建立和完善航空装备维修安全预警管理系统,并从人为因素、系统安全着手,采用前瞻式管理模式,降低事故

率，提高飞机安全水平。

1. 健全安全预警机制

飞行事故的发生，存在着微观上的可避免性与宏观上的不可避免性。从理论上讲，随机事件有随机发生的规律，事故既然“事出有因”，那么预先控制了成因，就能预防事故发生的结果。所以，提高安全管理的有效手段，是利用现代科学技术和管理方法来监测、识别、诊断和预防可能发生的问题，纠正人为失误和机械故障，并采取措施防止事故发生、减少飞行事故率。

目前，尽管航空部门都有事故、事故征候和维修差错信息报告制度，但我们获取的信息多为已被记录而无法掩盖的事件，仍有大量的不安全事件没有及时被发现，阻碍了事故预警信息的掌握。为了给事故预防提供更多的安全信息，可以建立安全信息报告制度，便于了解更准确、更全面的安全信息，使管理层及时发现安全隐患、制订预防措施、完善航空装备维修安全预警管理系统，也使广大航空维修人员通过安全信息从别人的错误中吃一堑、长一智，增强安全意识和纠错、预防能力。

2. 控制人为因素

虽然航空技术取得突破性进展，规章制度得到进一步完善，但事故率却没有明显下降，究其原因，是由于人为因素在航空装备维修中起到了关键作用。

在航空装备维修发展的初级阶段，由于技术水平落后、工艺设备简陋，加上人类缺乏足够的航空实践经验和必要的导航、气象等设施保障，飞行事故的发生较为频繁，其中80%以上是由于机械原因所致。随着社会的进步和科学工艺水平的提高，飞机因机械原因而导致飞行事故的概率迅速降低，而人为因素却日益显现出来。加强人为因素研究，是我们在提高安全管理水平的过程中面临的一项艰巨任务。只有攻克了这个难关，我们才能在安全管理上采取有效的应对措施，从而减少人为差错、降低事故发生率。

研究和控制人为因素有利于优化人的行为表现并减少人为差错。作为一门应用科学，人为因素的研究对象是维修设备的人，抓好了人的训练，就抓住了造成航空装备维修差错的重要环节。

众所周知，绝对的安全是不存在的，人们只能通过各种保障措施，努力降低事故概率，但无法杜绝事故的发生。而训练能使人和机组保持一种团结友爱、互相支持、共同完成任务的氛围，从而降低个人犯错的概率，当一个维修人员出现错误时，其他维修人员可以弥补，使错误不致造成事故。

3. 加强系统安全

系统安全是现代安全科学的基本观点。从人为因素的角度来说，保证航空装备安全单靠个人是远远不够的，还需要其他资源的紧密配合。分析现有事故发生的原因，只有30%左右归属个人因素，而70%来自组织机构因素。所以，降低事故率必须着眼于整个组织的安全体系，采用系统工程的科学方法发展和健全系统安全机制，积极推进文化建设，促进安全管理水平的全面提高。

首先要抓规章制度建设。安全规章是安全管理的依据和保证，安全规章制度是否完善、科学、规范，能否在工作中被自觉遵守，是系统是否安全的重要标志。

其次要抓好安全教育。一般来说，人对客观世界的认识总是滞后于事物发展进程的，安全意识也是如此。人们只有具备了一定的安全意识后，相应的防范意识才会显现出来。安全意识越强、防范意识越强。所以一定要下大力气抓好安全意识教育，从而为系统安全打下牢固的思想基础。

最后是发展系统的防错、容错能力。实践证明，采用单项措施难以有效提高安全水平。只有从法规、管理、程序和培训等方面进行全方位的综合防治，构建一种能应对同性质航空装备维修差错的免疫功能，以在问题发生前及时应对、采取措施，将事故苗头消灭在萌芽状态，预防工作才能收到良好的效果。

安全是航空维修的生命线，是我们不懈追求的工作目标。只有建立了完善的事故预警管理系统，不断加强人为因素的研究，完善系统安全，才能真正实现安全防范关口前移，将“预防为主”思想体现在工作实践中，进一步深化和发展“安全第一”的工作方针，从而全面提高安全管理水平。

6.7　实施流程管理，增强维修管理精细化

近年来，流程管理、6S 管理、6σ 管理等管理理论和方法，以及信息技术、编码技术、定置技术等先进管理技术的发展成熟，为航空装备维修精细化管理提供了有利条件。

6.7.1　基本概念

流程管理是近年来发展起来的一门管理理论和方法，被誉为管理领域的第三次革命。流程管理理论最早源于 20 世纪 90 年代提出的流程再造（BPR）理论，BPR 理论提出后短短的两三年时间，约有七到八成的欧美企业被流程再造吸引，创造了一个又一个再造神话。我国的海尔集团在 1999 年也开始以市场链为纽带进行业务流程再造，并取得了巨大成功。BPR 的核心理念是摒弃自工业革命以来传承近 200 年的管理分工理论，以工作流程为中心，重新设计企业的经营、管理以及运作方式，使企业更适应新的发展要求和环境变化。流程管理在航空装备维修领域也有广泛的应用，2008 年 5 月美国颁布《21 世纪精细化管理》，以流程管理为主导推行精细化管理，并成立了流程委员会。航空系统很早就开始使用流程管理，从最初的程序图、统筹图逐步上升到以构建、运行和完善流程标准体系为中心的流程管理。

1. 流　程

国际标准化组织给出的流程定义是：一组将输入转化为输出的相互关联或相互作用的活动。通俗地讲，流程就是工作在跨部门、跨岗位之间流转获得增值的过程。一般说来，只要是多个责任主体共有的目标性活动，其显性或隐性的流程必然客观存在。

2. 流程管理

流程管理是以构建卓越工作流程为中心，以持续提高组织业务绩效为目的的系统化管理方法。从定义中可以看出，推行流程管理首先要构建工作流程体系，持续提高组织绩效就要对流程体系进行不断地优化或者再造。所以流程管理的主要内容就是流程设计、流程优化和流程再造。

3. 流程标准

流程管理所使用的“流程”不是简单的流程图，还包括对流程中各阶段不同工作节点的描述，用于界定责任主体、规范工作程序、量化工作标准、明确质量控制和风险控制等要素，这个描述通常以一个表格的形式给出，该表格被称为标准表或节点信息表，流程图和标准表一同构成了流程标准。

4. 流程设计

流程设计就是制定流程标准，最终构建一个由若干流程标准组成，能确保体系良好运行，并实现组织目标的流程标准体系。构建流程标准体系，通常采取自上而下逐级展开的方式制定出若干层级的流程标准。推行流程管理，根据任务属性不同，通常需要40～60个组织管理流程，有的可能更多。

6.7.2 基本思路

推进航空装备维修精细化管理，必须以“物有标准、事有流程、管有系统、人有素养”为目标原则，完善标准体系、优化工作流程体系、健全维修作业体系，构建基于网络信息体系的航空装备维修管理流程。

1. 化繁为简

化繁为简是现代航空装备维修管理追求的永恒主题，只有精简航空装备维修流程，才能抓住本质，只有细分，才能有效控制。精简细分是航空装备维修精细化管理的主要方法，但实现精简细分绝非易事，需要航空装备维修管理机构上下共同进行彻底的心理革命，尤其是航空装备维修机构必须具备精简细分的能力，持续追求系统化、规范化、细节化、流程化的航空装备维修管理思维和实践，在复杂精细和简单实用之间找到一个有机的结合点，跳出“为管理而管理”的怪圈，力求从“管”到“理”的转变，从靠人“管”来负责监督，转变为靠规则“理”来驱动运行。这里要注意的是细分并非越细越好，一定要有个底线的尺度。细化程度要把握两点：一是可不可以再细分，二是需不需要再细分。

2. 整合重构

航空装备维修精细化管理的根本目的是通过改变组织现状，提高航空装备维修体系的运行效率和管理能力。为此，需要对长期以来人们熟视无睹的整个运行过程和管理模式进行重新思考，对各个方面、各个环节进行全面的研究和分析，打破原有的部门和工序限制，彻底变革其中不合理、不必要的环节，进行全面的整合重构，使时间、成本、环境这些要素得以优化，使效率和质量得以大幅度提高。

3. 优化再造

航空装备维修精细化管理的精髓就是避免浪费，减少相同的、无效的操作环节。具体来说就是对已有的业务流程进行重新认识，在实践中不断寻找问题、发现问题，不断地梳理、优化和改进流程，取消流程中所有不必要的工作环节和内容，合并重叠的工作，重新安排工作顺序和步骤，消除流程运作复杂、效率低下等问题，使流程取得突破性的改进，实现整体最优。一切用信息说话、用信息分析、用信息要求、用信息检验。用信息流明确要求，知道怎样做是正确的；用信息明确标准，知道做到什么程度是正确的；用信息需求明确目标，知道任务的重要程度和工作的方向；用信息需求明确计划，知道工作的流程、步骤和分配的资源；用信息描述环境，知道工作环节和条件；用信息检验执行，知道执行与目标、要求的偏差，执行与计划的距离；用信息推演信息流，做好信息的精算与内部推演；用纵向信息组连接横向信息组，使航空装备维修管理信息彼此相关联。

4. 环节链接

航空装备维修管理架构内部的部门与环节具有分工协作和前后工序的关系，它们之间的配合与协作需要很高的精密性。精细化管理就是系统解决现代航空装备维修管理过程中各环节紧密链接与匹配问题的有效途径。现代航空装备维修管理按总体目标将整个运行过程重新划分为多个紧密相关的环节，每一个环节都是相互链接的，如果前一个流程不精细，后一个流程就可能跟着出问题。所以，必须建立良性互动、部门协作、要素互助的管理机制，使每个环节的链接都精细到位、环环相扣，个人之间、部门之间都必须积极协作、密切配合、相互支持。

5. 责任执行

执行是现代航空装备维修精细化管理落实的关键。但在管理实践中，执行力弱、执行不到位是一个常见的问题。执行不到位的原因复杂多样，但一般来说，主要原因是管理不到位，责任不明确，可执行性差。虽然每个组织都意识到岗位责任的重要性，也都对每个岗位明确了具体责任，但这种岗位责任的明确往往是笼统的、定性的一般要求，没有标准的工作流程，没有操作方法说明，也没有明确的执行标准和考核标准，这就使得作业人员无法清晰了解相关责任，也就无法精确地履行责任。因此，必须将岗位责任细化、工作流程细化、操作方法细化、执行标准量化、考核标准量化，做到目标、标准具有可实现性，流程具有可操作性，规章制度具有可执行性，执行结果具有可考核性，这样才能保证责任的有效执行。

6. 协同高效

现代航空装备维修精细化管理的一个重要理念是细化，但当把所有的工作都沿着细化的路子走下去的时候，如果忽视协同性，往往会出现两种情况：一是彼此交叉，二是各行其是。彼此交叉是两者共管但又都不想管的现象；各行其是是由于工作本身的难易、时间多少、人员能力的高低等多种因素的影响，造成进度上的不匹配、快的等慢的等现象。分工越细，交点就越多，越要加强协调与沟通，越需要明确责任人与工作、工作与工作、环节与环节之间的协同关系。因此，为了保证工作高质、高效完成，就必须从总体上对各个部门进行协同管理，使各部门之间能够相互配合、紧密协作，协调一致高效地完成工作。

7. 精益求精

现代航空装备维修精细化管理关注的是重要工作、关键环节，尽力做到尽善尽美，不断提升管理水平，其追求的是长远的发展和稳健的高效。现代航空装备维修精细化管理是一个持续推进，不断完善，永无止境的过程，从来就没有一步到位的精细化管理。随着环境的逐渐变化和人们认识水平的不断提升，现行的一些精细化管理做法已经不再适用、不再精细，这就需要对现行管理做法及时做出改进。虽然很难达到尽善尽美，但保持精益求精的理念，持续尽善尽美地追求，却能使管理组织成为一个永远充满活力、不断进步的组织。

6.7.3 主体内容

现代航空装备维修精细化管理的具体实施途径是：以维修工卡为载体、以流程标准为中心、以管理体系为平台、以维修机组为主体，持续运行目标计划体系、环节流程体系、质量标准体系、过程监控体系和考核评估体系等维修保障精细化管理主体内容，对航空装备维修进行全过程、全要素有效管控，实现精心维修、精细管理，持续提升管理水平。

1. 目标计划体系

重点解决航空装备维修组织管理上的目标分解和细化，目的是将组织目标变成工作环节目标和要素（单位）目标。一般采取两种方法：一种是横向细分（按工作领域分），将总目标按照工作的领域分解为有机联系且相对独立的目标；一种是纵向细分（按业务隶属关系分），将总目标分解到各个单位甚至到人，形成系列目标。在这个目标体系内，紧紧扭住质量、安全、效益三条主线，通过对总体目标的层层细化分解，使总体目标在单位内部建立起一个纵横联结、立体全面的目标计划体系，即涵盖总体目标、部门目标、岗位目标和人员目标的四级目标体系，这样就把各部门、各类人员都纳入了总的目标体系中，使每个人的工作目标都与单位的总目标挂起钩来，使大家都能了解自己的工作责任和价值，以利于强化要素（单位）职能，从而围绕总体目标来开展工作。

2. 环节流程体系

首先，以航空装备维修组织管理的质量目标、质量标准、组织结构、职能分解和岗位设置制定工作环节，使管理者和实施者明白达到一种目标需要干哪些工作；其次，将各个环节按照管理的内在规律，按时间或工作任务的衔接顺序将其连接起来确定工作流程，把原来以职能为中心的传统管理方式转变为以流程为主线的新型管理模式；然后，根据价值链原理，按照职能设置和管理制度，将航空装备维修业务横向分类，纵向分级，形成结构合理、衔接顺畅、落实有力的航空装备维修业务流程的分类体系，进而逐级逐项梳理业务流程，最终建立起经过优化、再造和规范的现代航空维修业务流程体系。

3. 质量标准体系

确定质量方针和质量目标，明确组织机构、职责和权限，制定单位、个人和工作环节质量标准，制订质量手册、程序文件、工作指南、规章制度、作业流程、岗位责任说明书等一整套质量标准体系文件，通过统一的技术标准、工作标准和管理标准等，使执行者的岗位责任明细化、工作实施流程化、实际操作程序化、检查考核精细化，用客观规则发现管理弱点，用可靠数字改善工作效益，用固定尺度衡量能力差异，从而持续改进航空装备维修组织管理作业秩序，稳步提升组织管理水平和不断增强航空维修管理能力。

4. 过程评估体系

以目标计划为方向，以环节流程为重点，以质量标准为依据，建立健全质量安全管理和过程监控组织机构，对航空装备维修实施工作质量、维修进度、保障费用和基层末端等全过程监控，严格对照质量标准对航空装备维修所进行的各项活动进行检查，以确保各项工作的质量，预防人为差错的发生。

5. 考核评估体系

以工作绩效为核心,以开发能力为目的,把过程考核与目标考核结合起来,建立起一套科学实用的绩效考核指标体系和较为完整的绩效管理体系,有计划方案,有组织领导,有考核机制,重点对单位特别是个人所从事的各项工作需要的知识、技能、能力以及工作表现进行评价,使维修保障管理从流程到标准形成闭环,通过考核发现问题、明确办法、督促改进,通过考评激发动力、加强沟通、提高素质,最终增强整个团队的凝聚力、执行力,提升单位的整体素质和工作绩效。

航空装备维修精细化管理内容涉及航空装备维修各个方面,要使其切实地运作起来,这就需要明晰的实现途径:一是以维修工卡为载体,将维修工作单/工作卡和维修管理表单作为维修计划指令、维修作业内容和维修信息记录的主要载体,与航空装备维修支持系统一起完成维修作业的全过程管理和控制。二是以流程标准为中心,通过设计、优化和再造装备维修管理和维修作业的关键业务流程,建立流程体系,培育团队意识,明确各节点的工作内容、标准要求,以及控制要点,消除工作重叠、连通流程断点、拉直流程走向,使作业流程更顺畅、控制更有效、成效更明显。三是以管理体系为平台。建好信息网络平台,用好航空装备维修保障支持系统,建立航空装备维修精细化管理体系,引入构型管理、大数据管理等技术,为推进装备维修精细化管理提供信息平台。

6.7.4　方法综述

精细化管理的主要方法分为三类:第一类是思维方法,第二类是技术方法,第三类是实施方法。思维方法包括系统架构、程序运行、标准把控、信息管理、制度规范。技术方法包括信息技术、网络技术、数理技术、工具技术、编码技术、定置技术、视频技术。实施方法包括明确质量要求、提出量化标准、设计工作流程、制定规章细则、划分链接细节、严格过程执行、注重短板管理。这些方法概括地讲就是“八化”:细致化——把每项工作做细;定量化——对每项指标定量;流程化——按照规定程序做事;标准化——依据质量标准把关;精益化——养成精益求精习惯;协同化——强化组织协同配合;经济化——消除冗余浪费顽症;实证化——提升质量安全效益。

例一:规范化方法。

① 目标体系规范化。提高决策能力和决策质量,确立科学目标,实现目标决策“零失误”。

② 组织架构规范化。优化组织管理结构,明确管理部门职能,更好地发挥组织管理机构效能。

③ 岗位设置规范化。合理设置组织管理各类工作岗位,明确界定工作内容及责权关系,确定岗位素质标准,通过专业岗位培训,满足组织管理作业要求。

④ 管理流程规范化。规范、优化和再造组织管理流程和作业流程,消除重叠,连通断点,拉直走向,保留有效活动,改造低效活动,消除无效活动,构建不断完善的业务流程体系,实现组织模式由等级控制向流程管理的转变。

⑤ 信息系统规范化。构建横向互联、纵向贯通的维修管理信息网络,开发安全、高效的组织管理作业支持系统和维修管理信息系统,加强维修管理信息应用,实现对组织管理作业的计划控制和跟踪管理,提升组织指挥质量和效益。

⑥ 运行机制规范化。克服和消除落后组织管理理念、不良工作习惯、滞后体制机制、不适能力素质等方面的制约，确保组织管理体系稳步、健康、高效运行，激发装备维修人员的积极性、创造性，实现装备维修建设又好又快发展。

例二：思维方法中的系统架构方法。

按照定目标、找环节、绘流程、定标准、定办法、建表册六个步骤，系统架构航空装备维修精细化管理的基础平台。

步骤一：定目标。依据需求和信息反馈，结合组织的现实状况，制定发展战略目标，包括质量方针、标志性成果等，并将总体目标在纵向、横向或时序上分解到各层次、各部门以至具体的个人，形成细化的目标体系，使组织中每个成员都清楚地了解组织的战略目标和预期成果，特别是涉及组织内部下级单元的组织和个人本领域工作的目标和预期成果。

步骤二：找环节。根据组织管理的质量方针、标志性成果，按照工作的内在规律，找出首尾相接的工作环节。

步骤三：绘流程。将任务或工作事项沿纵向细分为若干个前后相连的工序单元，将工作过程细分为工作流程，然后进行分析、简化、改进、整合、优化。以流程化为方式，以工作流程为载体，形成工作环节与任务职责紧密衔接、相互匹配的工作任务链条，实行无缝衔接与有效管理。

步骤四：定标准。根据工作环节制定出本环节的工作任务、需要达到的质量标准要求、各级各类人员的职责要求，主要解决工作的程序、标准和重点，以及相关人员在这一节点上的责任与具体行动。

步骤五：定办法。根据工作流程制定出每一个流程环节中的具体操作办法，包括工作环节、质量标准、操作办法、责任单位或责任人、监控考核内容及时间、信息采集点等要素。目的是解决谁来干、干什么、干到什么标准，谁来考核、什么时间考核、采集哪些信息等问题。

步骤六：建表册。按照“工作有登记，登记要负责，责任可追溯”的原则要求，建立相关的考核登记表，主要用于责任的追溯、经验的总结和信息化管理。

6.7.5 航空装备维修管理体系建设构想

推进精细化管理必须建设精细化管理体系，应充分吸收融合国内外先进管理理念，不断厚实管理理论、创新管理手段，才能始终保持体系的科学性、先进性。

航空装备维修管理不是孤立的、某一具体单元的管理，而是相互关联、成体系的系统管理。管理体系可分为6个子系统：基础系统、管理系统、业务系统、测量分析系统、改进系统和方法支持系统，如图6-1所示。

① 基础系统。包括组织结构、法规体系、信息平台、管理文化四个模块。组织结构模块在纵向上主要分为四级，从职能作用来看，分为决策层、管理层、作业层三层。法规体系模块既包括各类管理法规、技术法规，也包括操作层面的规章制度，以及为航空装备维修管理顺利推行的相关制度，使维修保障的各项工作、保障人员、保障装备和现场秩序都纳入法规体系的管控范围内。信息平台模块涵盖管理、作业、训练及管理控制等各个方面，最紧要的是使信息系统通过网络互连，形成一个切实运用起来的整体平台。管理文化模块依托航空装备维修文化建设进行前伸后延，让精细化管理、保障理念深入人心，落地生根，化为航空装备维修人员的自觉行动，融入航空装备维修各项工作之中。

② 管理系统，包括组织目标、管理流程、绩效考核三个模块。

③ 业务系统，包含维修控制、工程技术、质量管理、安全管理、人员训练五个模块。

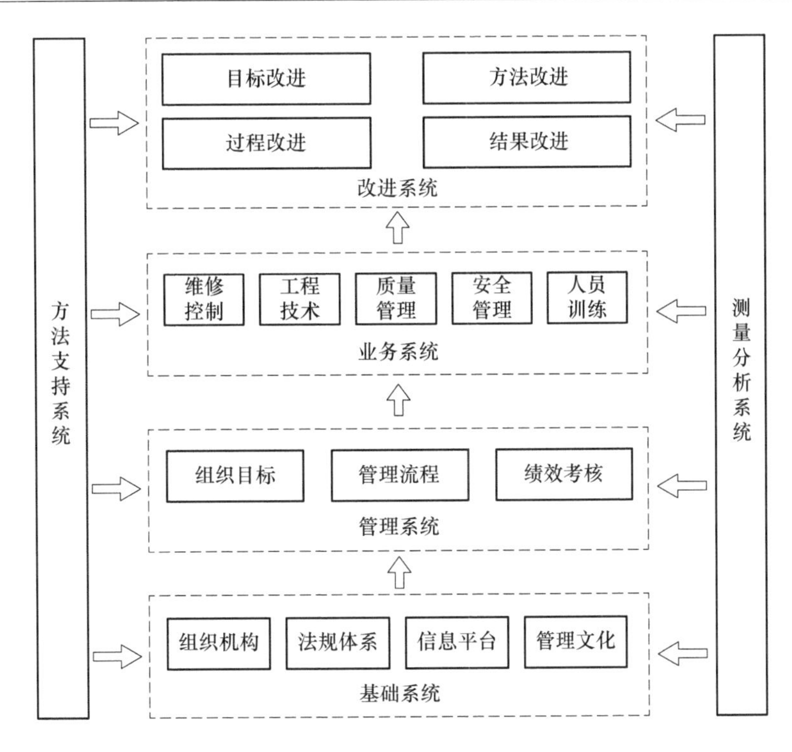

图 6-1　管理体系的 6 个子系统

④ 测量分析系统，由数据测量和数据分析两个模块组成。

⑤ 改进系统，围绕体系运行中出现的矛盾问题，从目标、过程、方法和结果四个维度进行改进。

⑥ 方法支持系统分为七类：一是判断分析问题类工具，主要包括流程步骤图、价值流图、SIPOC（供应者、投资、流程、产量和客户）等；二是分析问题确定差距类工具，主要包括 KPI（关键绩效指标）、约束分析、风险分析、浪费分析等；三是确定改进目标类工具，主要包括价值流图和 B-SMART（平衡、具体、可测、可获得、注重结果、及时）等；四是确定问题根源类工具，主要包括“五个为什么（5W）”、帕累托图、鱼骨图等；五是制定对策类工具，包括成本效益分析、战略行动分析等；六是检视对策类工具，像 6S 中的目视管理、看板管理等；七是确定结果和进程类工具，如流程管理、PDCA 循环、OODA 循环等。归纳起来，从内容上看，可以分为战略分析工具、业务分析工具、质量控制工具、统计分析工具等；从形式上看，可以分为图、表、卡、看板、模型和公式等。

现代航空装备维修业务系统建设应重点抓好维修控制、工程技术、质量管理、安全管理和人员训练等子系统。

① 维修控制系统履行制定维修工作计划、调配维修保障资源、组织实施维修保障、监督管理过程质量等职能。

② 工程技术系统履行制定与维修工作有关的技术文件、控制维修资料的有效性、开展技术研究与分析、实施工卡运行管理、落实装备科研管理、参与维修事故调查等职能。

③ 质量管理系统履行体系审核、质量监管、维修人员资格认证与授权、等级评定、人员技术档案管理、质量调查等职能。

④ 安全管理系统履行安全政策制定、风险管理、安全保证、安全促进等职能。

6.8 贯彻质量体系,确保维修安全

6.8.1 质量管理体系的模式

ISO作为质量管理标准把注意力放在管理质量的能力上,这一点航空界也正在仿效。检查一个国家、一个公司的航空安全,不仅仅看有没有飞机坠毁,而是要通过审查安全管理的组织机构、法律规章、标准程序、监察机制、技术手段、基础设施等来综合评估安全管理能力。

质量管理体系对以过程为基础的质量管理体系模式是这样描述的:过程就是一组将输入转化为输出的相互关联或相互作用的活动。系统地识别和管理组织所应用的过程,特别是这些过程之间的相互作用,称为过程方法。

过程方法的优点是对系统中单个过程之间的联系以及过程的组合和相互作用进行优化,可以更高效地得到预期结果。

图6-2所示反映了以过程为基础的质量管理体系模式。整个质量管理体系包括四大过程,即管理过程(管理职责)、资源管理过程、产品实现过程以及测量、分析和改进过程,这四个过程分别对应于标准中的相应部分。圆圈内的四个箭头分别代表了四大过程的内在联系,它们形成闭环,并表明质量管理体系的运行是不断循环、螺旋式上升的。

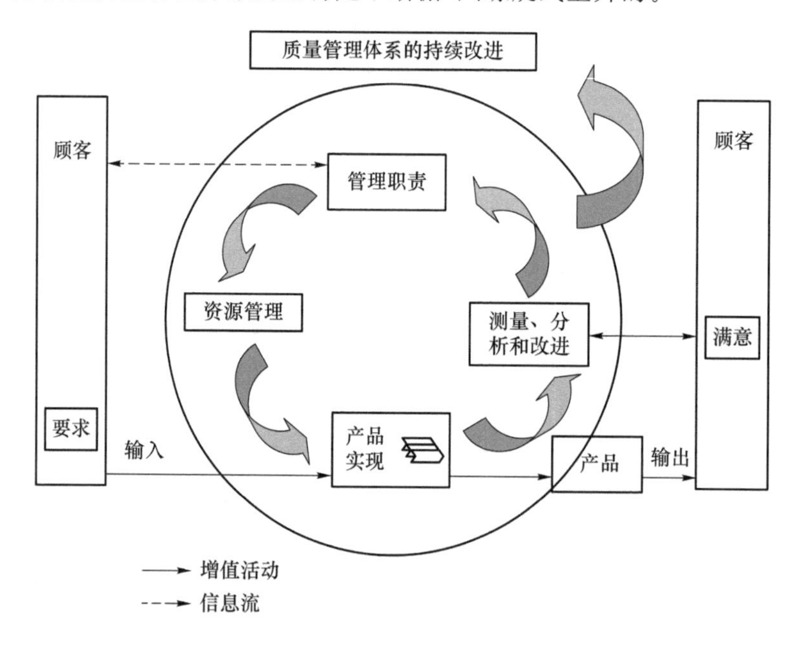

图 6.2　以过程为基础的质量管理体系模式

在四大过程中,产品实现为主要过程。顾客的要求形成产品实现过程的输入,通过产品实现的策划(P)、实施(D)生产出产品,经过监视、测量和分析(C)把符合要求的产品交付给顾客,顾客将对产品满意程度的意见反馈给组织的测量、分析和改进过程,组织对发现的问题,通过分析找出原因,采取改进措施(A),从而完成产品实现过程的PDCA循环。

图6.2中的实线箭头表示增值活动,虚线箭头表示信息流,并且是双向的。这种以过程为基础的质量管理模式,是过程方法在质量管理体系中的应用。图6-2虽然覆盖了质量管理体

系要求，但未详细地展示所有过程。

6.8.2 航空装备维修安全的保障

目前，无论是国际组织，还是航空发达国家，都在实施并发展质量管理体系。例如日本公司应用全面质量管理(TQM)和不断改进过程(CIP)方法，在商业上取得了巨大的成功。以往航空业虽然在许多方面采取了类似的做法，但却很少使用质量管理的概念。近年，航空界在从被动应付事故转向主动谋求系统安全的过程中，开始注意“运行质量保证”。事实上，只要运行的每个环节都具有良好的工作“质量”，航空装备维修安全自然也就有了保证。

日常监察，本质上是一种微观管理，对某个局部看得很实在，但往往看不到总体趋势；质量管理体系则从全局、从宏观看问题。两者结合，相辅相成，对安全状况就会有一个更加全面的认识。新世纪将更加重视航空装备维修系统的总体功能，可以预测，质量管理体系将会得到越来越广泛的应用。因此，在维修过程中，不断重视细节，对于减少维修差错，确保航空装备维修安全，建立和完善航空装备维修质量管理体系是十分必要的。

6.9 加强安全教育，培育安全文化

安全教育是安全管理工作中一项十分重要的内容，它是提高全体装备维修人员素质的一项重要手段。航空部门一直都十分重视维修安全的宣传和教育工作，制定和颁布了一系列关于安全教育内容与形式的条令、法规和规章制度，对维修安全教育的内容和形式做了相应的规定，并要求在维修工作中认真贯彻执行。

安全教育是一项长期的建设性工作，其根本意义在于培育安全文化。个人及其周围人员的价值观对于人的行为有着决定性的作用。人们的价值观，即人们对什么是真、善、美的认识本质上是一个文化问题。可见，人的行为受其文化背景和文化氛围的制约。因此，培育航空装备维修的安全文化是安全管理的“治本”之策。

6.9.1 安全教育的切入点

建设安全文化要求领导以身作则，身体力行，自始至终严格执行安全规章，帮助全体航空维修人员养成遵章守纪的习惯，借助奖惩以资激励等。然而，最主要的手段应当是安全教育，只有教育才能使人明白道理，提高对安全的认识，并对深层次的价值观产生潜移默化的影响，使安全观念深深扎根。

坚持和落实并在实践的基础上进一步完善规定、程序和制度，需要从以下几个方面入手。

(1) 全面执行单位主要领导安全培训上岗制度

一个单位的安全工作能否真正落到实处，在很大程度上取决于主要领导对航空装备安全重要性的认识、对安全教育工作重要性的认识和对航空装备安全规律性的认识。要逐步使领导干部安全培训工作经常化、制度化，使领导干部持安全培训证上岗制度化，通过培训使领导干部树立正确的安全观，真正地认识到安全工作的重要性；同时组织领导干部学习安全理论、理解安全法规、掌握安全规律、学会管理方法，从而提高安全管理能力。

(2) 严格按照有关规定对全体航空维修人员进行安全教育

对新上岗人员坚持安全教育制度，通过安全教育，使新上岗人员了解航空装备安全的有关

规定和操作程序，了解本单位安全规定和安全规程，使新上岗人员树立“安全第一，预防为主”的思想，并落实到实际工作中。

(3) 增加安全教育投入

各级领导必须充分认识到安全教育的重要性，增加安全教育投入。要投入力量培养安全教育人员；编写安全教育材料，开发声像等多媒体安全教育课件；采用丰富多彩的形式和现代化教学手段，使安全教育工作生动高效。

6.9.2 安全文化培育的着眼点

实践证明要使人们自觉执行“安全第一，预防为主”的方针，就不仅要科学管理，增加投入，还要不断提高全员的安全意识，建设良好的安全文化，达到从根本上改善航空装备安全的目的。航空装备维修的安全文化既要有时代性，又要根据实际情况加以规范。航空装备维修安全文化的培育主要体现在以下几个方面：

① 全体航空装备维修人员要树立正确的世界观、人生观和价值观；

② 全体航空装备维修人员要树立正确的安全观，对安全有正确的认识和态度，能真正做到“安全第一，预防为主”；

③ 全体航空装备维修人员要有高度的安全责任感，主动关心装备维修安全，对安全工作充满热情，人人讲安全，处处想安全，发现问题及时报告，及时解决，把搞好安全当成自己的责任；

④ 全体航空装备维修人员，从各级领导到每个人，自觉遵守安全规章，对安全规章、标准和程序执行不走样，一丝不苟。

6.10 强化差错管理，落实预防策略

6.10.1 维修差错的管理

1. 主要问题

(1) 调查方面的问题

在调查事故原因后，航空装备维修差错的主要责任通常由维修人员承担，维护系统和相关部门（如飞机设计人员、制定维护手册的人员、训练教员、质量保证部门等）很少承担相应责任。

维修人员知道差错的原因，但无法管理差错背后的原因，例如维修错误常常起源于不适当的设计、作业卡等。其他人员由于缺乏数据或经验，往往不知道自己的工作是如何产生差错的。

(2) 差错数据收集方面的问题

针对个人而言，承认或主动公开维修差错与对当事人的惩罚是一对矛盾。针对航空装备维修而言，向领导和上级主管机关如实地汇报维修差错，与维护声誉是一对矛盾。这些矛盾是收集差错信息的障碍。

2. 管理的关键点

减少人为差错必须强化管理，为此应重点注意以下两点。

(1) 维修集体与机构

在航空装备维修工作中，团队意识和集体合作越来越受到人们的重视，因为航空装备系统越来越复杂，技术专业之间的分工界线日益模糊，各专业之间的合作性日益明显。维修机组的建立应详细策划，好的机组设计可改进工作效能和维修人员的满意度，反之则相反。应该强调系统或机构的缺陷，而不仅仅关注单个人的差错，这样可以更好地从机构角度理解人为因素，做到管理制度化、维修程序化、操作规范化、检查标准化的“四化”理念，将更多的注意力转向机构和文化因素，并将这两者作为事故构成原因和事故预防因素考虑，结果必定会促进人为差错的发生率大大下降。

(2) 信息交换和交流

航空装备维修工作中有大量信息需要编制、传递、消化吸收、使用和记录，以减少航空装备维修过程中的维修差错。信息交流是维修中最重要的人为因素之一。

首要的是维修信息应当为维修人员所理解。维修人员主要是指进行航空装备定期维修、诊断和排故的检验员、机械师等。新的手册、工作卡和其他信息在颁发之前应当进行校核，以保证它们不被误解和误译。对于维修人员的要求是维修工作越接近于手册的要求越好，因为手册和条例都包含着血的教训。

维修机构内部缺乏交流对于安全性有严重的负面影响。许多事故教训已说明了这个问题。每起事故调查都发现存在着多项潜在失效，而且在人与人，以及人与软件界面之间存在一系列管理漏洞。

事故调查所暴露出的个体维修人员的失误行为，可以解释为是一种团体文化的反映，这种团体文化宽恕了未经批准的做法，并缺少在本机构内制止这种行为的规范。

3. 制定排除差错原因管理程序的基本原则

航空装备维修差错是影响维修质量的重要方面，要严肃对待维修工作中发生的差错和问题，做到过程清、原因清、责任清，并从思想上、作风上和组织管理上制定防范措施。程序化是对现实差错和潜在差错防范的保证，是制定防范措施的有效组织形式。

① 管理程序不是单纯追究差错的责任者，而是着重差错的预防，要体现全员参加质量管理的要求，动员和组织一线的维修人员参与差错原因排除程序工作。

② 全面地收集数据，收集的数据应包括可能出现差错的情况、易发生事故的情况或差错。

③ 程序应限于为辨识、减少可能的差错而需要重新设计的维修工作条件。

④ 对排除差错原因的程序要从其对减少差错的数量、提高工作满意度和费用的有效性等方面进行评定。

人为差错的原因涉及人为因素科学，需要人为因素专家帮助制定排除人为差错原因的程序。这类程序往往涉及修订原有的工作标准和工艺程序，因此，必须经人为因素专家及维修专家就排除差错原因程序对维修生产过程的影响进行评估，或者说排除差错原因程序本身应具有对维修工作影响的评估功能。

4. 制定排除差错原因程序的主要方法

制定排除差错原因程序的方法有人-机任务分析法和 R. B 米勒分析法。

人-机任务分析法应用现代工业工程技术研究人与机的合理分工与配合，这是人-机工程学(工效学)的一种技术。

首先，对差错的因素进行辨识。主要方法有因素树分析、筛选—监测—诊断法、Delphi 方法、智暴法、调查表法等。

第二步进行因素估计。回答的问题是如何描述和量化这些因素，主要方法有 Delphi 方法、模糊集合法、统计方法、外推方法。

第三步进行因素评价。评价这些因素的影响是什么，有多大，是正面影响还是负面影响，是否需要或可能增强或减弱其影响等。主要方法有微积分分析方法、仿真与幕景分析方法、多目标评估等数学规划方法和 R. B. 米勒分析法，能使人为差错产生的不良后果降到某种许可的程度，分析步骤如下：

① 概括系统的功能和目标。

② 概括情况特征，即人们为完成某种工作而必须承受的与工效形成因子有关的特征。工效形成因子的典型有能见度、可达性、联合动作、工作姿势、清洁情况等。

③ 概括应由人力实现的任务和工作。

④ 概括有关的人力特征，进行辨识与估计。例如培训、经验、工作意欲、技能要求。

⑤ 根据差错的潜在条件和有关困难，对完成任务的工作进行分析。

⑥ 得出每种潜在差错出现的可能性的估计。

⑦ 得出每种潜在差错因未被发现而未能纠正的可能性分析。

⑧ 得出每种未被发现潜在差错的后果估计。

⑨ 对系统提出修改建议。

⑩ 重复大部分上述步骤，再评价每个系统的修改建议。

5. 维修差错管理的主要做法

为了应用人为因素原理改进维修管理，深入进行维修差错调查，提高航空安全水平，航空维修人员特别是领导干部要认真学习人为因素的知识，转变观念，提高认识，在维修工作程序和文件中，对与人为差错相关的问题，应主要考虑以下方面：

(1) 设立或指定组织机构，聘任维修差错调查和管理人员

维修差错的管理部门可以单独设立，也可以由安全管理部门和质量控制部门兼管。

(2) 确定维修差错调查的范围和原则

对事故、事故征候和影响大的差错事件必须进行维修差错调查，一般事件经过评审后确定是否需要调查。为了保证调查质量，各单位都应制定主动报告原则、不处罚和减轻处罚的原则等，要营造一个自愿报告和主动分析差错的氛围。同时，制定维修差错调查和管理程序。

(3) 对维修差错调查和管理人员的要求

进行维修差错调查和管理的人员必须经过专门培训，熟悉调查要求，掌握调查程序，按照调查表的要求深入调查事件，并填写调查表。对调查分析的原始凭证，应及时取证，妥善保存。

(4) 调查材料和预防措施

调查材料及其纠正和预防措施应征求有关部门领导的意见并得到确认;或者在维修单位相应的会议上讨论评估,然后经主管领导批准。讨论中应保护不同意见,鼓励实事求是地进行深入分析,找出维修工作中存在的问题,找出安全文化方面存在的问题。对质量安全管理方面存在的问题,要及时补充修订。

(5) 改进措施的执行

预防维修差错,事件相关部门应根据调查报告中提出的问题,落实纠正和预防措施;应将维修差错事件的原因和纠正措施等及时向维修人员通报,吸取教训,改进工作;应将维修差错事件调查报告进行整理,列入人为因素持续培训内容中;应将调查资料输入人为因素统计数据库中,并进行相应的统计分析。

6. 分析规律和闭环管理

每季度或每半年要对维修差错事件、类型和诱因进行分析,找出本单位存在的规律性问题;每年要进行一次维修差错综合分析和评估,并写出报告;定期检查和纠正预防措施的执行情况,跟踪监控,直至全部落实;同时,应做简要记录。

6.10.2 预防方法的落实

预防维修差错是一项涉及人-机-环境三大要素的系统工程,人又是其中最基本的要素。因此,提高人的思想觉悟,加强工作责任心,培养扎实的维护作风,强化安全观念,提高维修技能是减少维修差错的关键。

目前,世界上有关人为因素分析和干预的策略尚处于研究探索阶段,美国军方在人为因素应用方面的工作开展较早,它主要是利用分析框架做事故原因统计,针对主要问题采取对策,并做趋势分析。

1. 应力理论

航空装备维修包含了操作、检验、安装活动的行为特征,人为差错划分为操作差错、装配差错、检验差错和设计差错四类。在防止人为差错和预防事故方面,人类已积累了很丰富的经验,提出了许多行之有效的办法,并且这方面的研究工作还处于不断发展之中。美国国家航空航天局(NASA)在分析事故原因及建立对策时所使用的 4M 法是有一定代表性的,即人(Man),机械(Machine),环境与媒介(Media)和管理(Management)。

应力是影响人的工效和可靠性的重要因素。一个人承受过度应力会造成较高的人为差错率。应力不完全是消极因素,实际上中等应力有利于人的工效保持在最佳水平。反之,如果在很低应力下工作,任务单调重复,人的工效也不会达到峰值。超过中等应力的情况也会使人的工效降低。中等应力定义为使人处于机敏状态的应力。

与职业有关的应力有工作负荷应力、工作变动性应力等。工作变动性应力可改变人的行为、生理和认识上的功能形式。操作人员在执行一项具体任务时,受到某些限制,当阻力太大时差错就会上升,下面列出操作者的某些应力特征:

① 反馈给操作者的信息,不能确定其工作正确与否。

② 要求操作者迅速对两个以上显示值做比较。

③ 要求操作者在很短时间内做决策。

④ 要求操作者长时间监视。

⑤ 完成一项任务所需步骤很多。

⑥ 有一个以上显示值难以辨认。

⑦ 要求同时高速操作多个控制器。

⑧ 要求操作者高速完成各个步骤。

⑨ 要求在从各种来源收集到的数据基础上做出决策。

除了上述与操作有关的应力特征外，还有一些辅助性因素会增加有关人员的应力。例如，不愿意做现在的工作；工作可能重复；工作中提拔机会少；缺乏完成现有工作的能力；健康欠佳；在时间要求很紧张情况下工作；工作中上级提出过多要求；不屑去做的工作；有家庭矛盾；必须与性格不合的人一起工作等。分析应力特征和因素，是为了控制总应力，避免任何人在高应力区工作，以控制人为差错的发生。

2. 常见维修差错的预防措施

常见维修差错的预防措施如下：

① 注意力不集中。在重要场所和位置装上能引起注意的装置，提供比较舒适的工作条件，以及在程序步骤上避免过长的时间间隔。

② 疲劳。改变不适当的姿势，避免注意力集中时间过长，排除环境应力和产生疲劳的精神因素。

③ 注意不到重要指示。通过视觉和听觉方法，把操作人员注意力吸引到出现的问题上来。

④ 操作员对控制器调整不精确。采用定位销控制器，或采用不需要进行精密调整的控制器。

⑤ 接通控制器件顺序不对。对关键的顺序使用连锁装置，并保证功能控制器件按使用顺序排列。

⑥ 读错仪表读数。要解决仪表读数清晰度问题，读数时要挪动身体于正前方。

⑦ 用错控制器件。使用时不要用力过大，关键的控制器件不要相互离得很近或相似，控制器不要使用难以看懂的标记。

⑧ 振动和噪声的刺激。采用噪声隔离措施，不能隔离时可采用非语言的命令形式，如开车时用规范的手势。

⑨ 设备有缺陷，该工作时不工作。平时做好设备的维修保养工作，对于存在故障或故障隐患的设备严禁使用。

⑩ 没有遵照规程操作。操作程序不要冗长，也不要太慢或太快；防止操作程序遗漏、混乱；在工作现场播放程序录音，或将每个程序与操作分别交给两个人同时做。

3. 设备方面的对策

从根本上讲，人犯错误是不可避免的，这有生理方面和心理方面的原因，甚至还有客观因素在起作用。因此为了确保安全，应避免操作者犯错误或采取即使有失误也不会酿成事故的措施，前者在英文中叫“foolproof 或 foolsafe”，意为“愚蠢的操作也安全”，后者在英文中叫“failsafe”，意为“失败也能安全”。从设备和系统方面下功夫，设法弥补人必犯错误的弱点。

首先，设备或系统的设计人员必须明确，设备和系统是由人控制、操作和使用的，无论什么场合都要涉及人为因素。其次，作为管理者而言，必须考虑部下都是人，都有弱点。管理者应经常考虑改善设备和作业环境、更新评价工作程序和作业方法等，例如：

① 对于重要的设备或系统，可以使用故障安全装置、备份系统等安全设计的手法。

② 消除隐患。对于易混淆的导线和插头，用不同的颜色或不同的开口等方法区分。

③ 设计设备和系统时要考虑人体特性，标记要易于识别，防止误操作等。

4. 人为因素方面的对策

人为因素不仅指个人的，同时还包括同事、作业伙伴、上级和下级等。这些人为因素、纵向和横向的人际关系等都很重要。

① 形成和睦、严肃的工作风气。创造良好的工作环境，严肃查处任何违反工作程序和其他错误的事。

② 提高预知危险的能力。不断扩大和充实对人为差错的教育内容，分析研究大量事故案例，使一线维修人员明白自己工作中的隐患，曾经发生过的事故和严重后果，以及如何发现事故隐患和相应对策等。

③ 在维修人员集中精力工作时，应防止意外事件的插入而产生人为差错。

④ 制定应急措施，并反复训练。

⑤ 提高维修时的大脑意识水平。

⑥ 积极开展教育培训，提高维修人员的能力和素质。

5. 预防维修差错的基本方法

减少维修差错的根本方法是在设计制造飞机及设备时，采取有效的防差错措施。由于其中涉及的面广，牵扯的问题多，故要充分论证，权衡利弊得失，谨慎行事。对飞机来讲，只能尽可能地进行防错改进，以补救设计上的不足。从维护角度考虑，针对上述原因采取下列措施是必要的：

① 重点防范法。众所周知，如果飞机防差错设计较差，先天性不足，则可能导致维修差错的范围广、环节多，防差错工作千头万绪，难度很大。面对这种情况，如果只是满足于罗列现象，眉毛胡子一把抓，则难以收到满意的效果。只有抓纲带目，对那些经常发生并对空、地安全有直接影响，或者虽然不经常发生，但危险性很大的维修差错，采取重点防范措施，才能卓有成效、事半功倍。

② 狠抓优良维护作风的养成。除了要抓好经常性的安全教育和整顿外，特别要抓好三点：一是继承和发扬优良的维护作风；二是抓干部，在维修工作中干部要做部属的表率，带头遵章守规；三是要严格维修纪律，对维修中无视安全的人要严肃处理，不能姑息迁就。

③ 提高技术素质。首先要严把质量关，保证政治、文化素质，坚决纠正维修工作谁都可以干的错误思想。其次，一定要从实际出发，处理好理论学习和实际工作之间的关系，人才合格与否，既要看理论学习成绩，更要看干得怎么样。当前，尤其要加强基本功训练，如熟悉机件的分解组合，各种正、误的判断方法，以及座舱设备、工具设备的使用等。

通过练习，要使每个维修人员明确先干什么、后干什么、怎样干、哪些地方容易发生差错等问题。经过反复练习还不能独立工作的维修人员，要坚决调离工作岗位。

④ 进行专职质量检验。要根据维修差错发生的特点和规律，选择合适的检验方式、时机

和内容，把维修差错消灭在萌芽状态，防差错离不开有效的质量检验。但是，不论是兼职还是专职质量检验，都不可能面面俱到，要对维修差错进行科学分类，结合本单位的实际情况，对易发生重大差错的工作，要制定质量检验制度，进一步提高防差错工作水平。

⑤ 加强维修一线管理。航空界制定了加强一线管理的有关规定，如在维修现场建立维修指挥中心，及时有效地对外联系，对内协调。对维修准备、飞行保障、检测排故、质量检验等维修工作实行统一的组织管理，使维修一线管理形成以维修管理中心为中枢的管理网络。进一步建立健全维修现场的管理制度，这是加强维修一线管理的前提。如果没有一套科学的、系统的、完善的管理制度，就容易出现漏洞，发生差错。所以，加强维修一线管理，要狠抓各项规章制度和安全措施的落实，加强工作预见性、计划性，减少盲目性。

⑥ 利用评比法对直接从事维修工作的人员进行评比。为便于评比，可设计一个表格，将每天的维修工作情况、安全情况予以登记，每月累计一次，评选优胜单位和个人，形成互相促进，你追我赶的竞赛局面。

⑦ 改善维修手段和工作环境。这也是减少维修差错的有效途径之一。

总之，重视人为因素，掌握人的特性，利用和发挥人的潜力，把人-机-环境作为一个整体，深入开展人为差错分析和事故预测的活动和教育，分析系统内各因素之间的相互联系和彼此的工作规律，不断提高安全意识和自觉性，改善工作设备和工作环境，充分依靠和发挥物质和技术力量，加强科学管理，人为差错是可以控制的。

参考文献

[1] Kinnison H A. 航空维修管理[M]. 李建瑂,李真,译.北京:航空工业出版社,2007.

[2] 中国民用航空总局航空器维修人的因素课题组. 人的因素案例集——民用航空器维修差错[M]. 北京:中国民航出版社,2003.

[3] 徐柏龄. 前车之鉴——新中国民航飞行安全回顾与思考[M]. 北京:中国民航出版社,1999.

[4] 谢庆森,王秉权. 安全人机工程[M]. 天津:天津大学出版社,1999.

[5] 赖维铁. 人机工程学[M]. 武汉:华中工学院出版社,1993.

[6] 马江彬. 人机工程学及其应用[M]. 北京:机械工业出版社,1993.

[7] 丁玉兰. 人机工程学[M]. 北京:北京理工大学出版社,1991.

[8] 王恒毅. 工效学[M]. 北京:机械工业出版社,1994.

[9] 马秉衡,戒诚兴. 人机学[M]. 北京:冶金工业出版社,1990.

[10] 曹琦. 人机工程[M]. 成都:四川科学技术出版社,1991.

[11] 赵铁生. 工效学[M]. 天津:天津科技翻译出版公司,1989.

[12] 封根泉. 人体工程学[M]. 兰州:甘肃人民出版社,1990.

[13] 杨学涵. 管理工效学[M]. 沈阳:东北工学院出版社,1990.

[14] 赵江洪. 普通人体工程学[M]. 长沙:湖南科学技术出版社,1988.

[15] 欧阳文昭. 安全人机工程学[M]. 武汉:中国地质大学出版社,1991.

[16] 朱祖祥. 工程心理学[M]. 上海:华东师范大学出版社,1990.

[17] 陈毅然. 人机工程学[M]. 北京:航空工业出版社,1990.

[18] Konz S A, 魏润柏. 人与室内环境[M]. 北京:中国建筑工业出版社,1985.

[19] 李清璧,徐斌同. 工效学概论[M]. 北京:人民卫生出版社,1983.

[20] 赫葆源,张厚粲,陈舒永. 实验心理学[M]. 北京:北京大学出版社,1985.

[21] 人体生理学编写组. 人体生理学[M]. 北京:高等教育出版社,1986.

[22] Mundel M E. 动作与时间研究[M]. 董靖,译. 北京:机械工业出版社,1983.

[23] 郎格. 袖珍工效学数据汇编[M]. 黄金凤,译. 北京:中国标准出版社,1985.

[24] 余凯成,蒋贵善,李亚华. 工作研究——现代科学管理技术介绍[M]. 3 版. 北京:中国对外翻译出版公司,1988.

[25] 国家技术监督局. 中国成年人人体尺寸: GB/T 10000—1988[S]. 北京:中国标准出版社,1989.

[26] 北京师范大学心理学编写组. 心理学[M]. 北京:北京师范大学出版社,1985.

[27] 余祖元,姚锡棠. 工业心理学[M]. 天津:天津科学技术出版社,1985.

[28] 朱序璋. 人机工程学[M]. 西安:西安电子科技大学出版社,1999.

[29] 班永宽. 航空事故与人为因素[M]. 北京:中国民航出版社,2002.

[30] 张建华. 装备的可靠性与维修性管理[M]. 北京:国防工业出版社,1993.
[31] 武维新. 装备质量与安全[M]. 北京:国防工业出版社,2007.
[32] 祁元福. 世界航空安全与事故分析:第三集[M]. 北京:中国民航出版社,1998.
[33] 孙春林. 民用航空维修质量管理[M]. 北京:中国民航出版社,2001.
[34] 胡昌华,许化龙. 控制系统故障诊断与容错控制的分析和设计[M]. 北京:国防工业出版社,2000.
[35] 袁修干,庄达民. 人机工程[M]. 北京:北京航空航天大学出版社,2002.
[36] 杨春生,孟昭荣. 世界航空安全与事故分析:第二集[M]. 北京:中国民航出版社,1997.
[37] 陈信,袁修干. 人-机-环境系统工程生理学基础[M]. 北京:北京航空航天大学出版社,2000.
[38] 张钧声,牟德云,甘茂治. 维修性工程理论与应用[M]. 北京:昆仑出版社,2000.
[39] 拉里·里斯迈尔. 维修与维修人员[M]. 程晋平,译. 北京:中国民航出版社,2003.